U0155780

燃气安全隐患与防范对策

阳志亮　著

中国财富出版社有限公司

图书在版编目（CIP）数据

燃气安全隐患与防范对策／阳志亮著.—北京：中国财富出版社有限公司，2020.8

ISBN 978－7－5047－7203－9

Ⅰ.①燃…　Ⅱ.①阳…　Ⅲ.①城市燃气—安全管理—研究—中国

Ⅳ.①TU996.6

中国版本图书馆 CIP 数据核字（2020）第 144892 号

策划编辑　李　伟			**责任编辑**　李　伟		
责任印制　梁　凡			**责任校对**　杨小静		**责任发行**　黄旭亮

出版发行	中国财富出版社有限公司	
社　　址	北京市丰台区南四环西路 188 号 5 区 20 楼	**邮政编码**　100070
电　　话	010－52227588 转 2098（发行部）	010－52227588 转 321（总编室）
	010－52227566（24 小时读者服务）	010－52227588 转 305（质检部）
网　　址	http：//www.cfpress.com.cn	**排　版**　宝蕾元
经　　销	新华书店	**印　刷**　北京九州迅驰传媒文化有限公司
书　　号	ISBN 978－7－5047－7203－9/TU·0055	
开　　本	710mm×1000mm　1/16	**版　次**　2021 年 9 月第 1 版
印　　张	12.75	**印　次**　2021 年 9 月第 1 次印刷
字　　数	194 千字	**定　价**　59.00 元

目 录

第一章

燃气的安全隐患概述

城市燃气安全管理水平在很大程度上会对城市燃气用户的人身安全与使用安全产生直接影响。鉴于安全管理工作的重要性，城市燃气相关单位应该加强对燃气安全管理工作的重视程度，尽量从多个方面统筹规划、科学部署，将安全理念与管理理念渗入日常工作当中。本章主要介绍燃气存在的泄漏、爆炸以及火灾等安全隐患，让大众对其有一个初步的认识。

第一节　燃气的泄漏

在燃气的生产、储存、运输和使用过程中常常伴随着泄漏危险，这对燃气企业的生产和人们的日常生活造成了隐患和危害。泄漏导致的后果使人们开始进行认真思考，总结以往的经验教训，更好地运用科学手段和先进技术趋利避害，推动燃气泄漏预防、预测和堵漏技术的发展。

一、泄漏的定义

在生产工艺系统中，密闭的设备和管道等内外两侧存在压力差，内部的介质在不允许流动的部位通过孔、毛细管、裂纹等缺陷渗出、漏出或允许流动部位超过允许量的一种现象，称为泄漏。

燃气泄漏是燃气供应系统中较为典型的事故，大部分燃气火灾和爆炸事故是由燃气泄漏引起的。即使没有造成人员伤亡，燃气泄漏事故也会导致资源的浪费和环境的污染。

二、燃气泄漏的分类

燃气泄漏的形式和发生的部位多种多样，原因比较复杂。就燃气泄漏现象来说，可以分为以下几类。

（一）按泄漏的流体分类

在燃气的生产、储存、运输和使用过程中，经常有液态和气态的相互转化，因此，燃气泄漏可以分为气体泄漏、液体泄漏和气液两相泄漏。

（二）按泄漏部位分类

燃气泄漏按泄漏部位可分为本体泄漏和密封泄漏。本体泄漏是设备本身产生泄漏，如管道、阀体、罐壳体等；密封泄漏则是指密封件的泄漏，如法兰、螺纹等静密封处以及泵、压缩机等设备密封处的泄漏。

（三）按泄漏的模式分类

燃气泄漏按照泄漏的模式可以分为穿孔泄漏、开裂泄漏和渗透泄漏。

1. 穿孔泄漏

穿孔泄漏是指管道及设备由于腐蚀等原因形成小孔，燃气从小孔泄漏出来，一般为长时间的持续泄漏。常见的穿孔直径为 10mm 以下。

2. 开裂泄漏

开裂泄漏属于大面积泄漏，开裂泄漏的泄漏口面积通常为管道截面积的 20%～100%。开裂泄漏的原因通常是由于外力干扰或超压破裂，开裂泄漏通常会导致管道或设备中的压力明显降低。

3. 渗透泄漏

渗透泄漏的泄漏量一般比较小，但是发生的范围大，而且是持续泄漏。燃气管道与设备以及设备之间的非焊接形式的连接处、燃气设备中的密封元件等经常都会发生少量或微量的渗透泄漏。燃气管道的腐蚀穿孔（但防腐层未破裂）、燃气透过防腐层的少量泄漏也可看作渗透泄漏。

（四）按泄漏介质流向分类

泄漏按泄漏介质流向分为向外泄漏和内部泄漏。管道锈蚀穿孔导致的泄漏，称为向外泄漏；阀门关闭后阀座处仍有的泄漏，称为内部泄漏。

（五）按泄漏发生频率分类

泄漏按发生频率有突发性泄漏、经常性泄漏和渐进性泄漏之分，其中突发性泄漏危险性最大。

（六）按泄漏量分类

根据泄漏量的大小，泄漏可分为渗漏和喷漏两种。

三、泄漏量的计算

（一）液体泄漏

液体泄漏的质量流量 q_{ml} 可用流体力学的伯努利方程计算：

$$q_{ml} = C_{dl}A\rho \sqrt{p_0 + 2gh}$$

式中 q_{ml}——液体泄漏的质量流量，kg/s；

A——泄漏面积，m^2；

C_{dl}——液体泄漏系数，与流体的雷诺数有关，对于完全紊流液体，该系数为 $0.60 \sim 0.64$，推荐使用 0.61，不明流体状况时取 1；

g——重力加速度，$9.8 m/s^2$；

h——泄漏口之上液位高度，m；

p_0——环境压力，Pa；

ρ——液体的密度，kg/m^3。

（二）气体泄漏

气态燃气的泄漏量也可以从伯努利方程推导得出，燃气泄漏的质量流量与其流动状态有关。当 $\dfrac{p_0}{p} \leqslant \left(\dfrac{2}{k+1}\right)^{\frac{k}{k-1}}$ 时，气体流动属于音速流动，燃气泄漏的质量流量 q_{mg} 为：

$$q_{mg} = C_{dg}Ap \sqrt{\left(\dfrac{2}{k+1}\right)^{\frac{k+1}{k-1}}}$$

式中 C_{dg}——气体泄漏系数，与泄漏口的形状有关，泄漏口为圆形时取 1.00，三角形时取 0.95，长方形时取 0.90，由内腐蚀形成的渐缩小孔取 $0.90 \sim 1.00$，由外腐蚀或外力冲击所形成的渐扩孔，取 $0.60 \sim 0.90$；

k——气体绝热指数（也称比热比），双原子气体取 1.4，多原子气体取 1.29，单原子气体取 1.66；

5

m——燃气的摩尔质量，kg/mol。

当 $\dfrac{p_0}{p} > \left(\dfrac{2}{k+1}\right)^{\frac{k}{k-1}}$ 时，气体流动属于亚音速流动，燃气泄漏的质量流量为：

$$q_{mg} = C_{dg}Ap \sqrt{\left(\dfrac{p}{p_0}\right)^{\frac{2}{k}}}$$

第二节　可燃混合气体的爆炸

一、可燃混合气体燃烧的基础知识

气体燃料中的可燃成分在一定条件下与氧发生激烈的还原反应，并产生大量的热和光的物理化学反应过程称为燃烧。燃烧必须具备的条件是：燃气中的可燃成分和（空气中的）氧气需按一定比例呈分子状态混合；参与反应的分子在碰撞时必须具有破坏旧分子和生成新分子所需的能量；具有完成反应所必需的时间。

（一）可燃气体的着火

燃气和空气的混合物由稳定的氧化反应转变为不稳定的氧化反应而引起燃烧的一瞬间，称为着火。燃气和空气的混合物在受热等外界条件下，分子共价键发生分裂而形成的具有不成对电子的原子或基团被称为自由基。在一定条件下，由于自由基浓度迅速增加而引起反应加速从而使反应由稳定的氧化反应转变为不稳定的氧化反应的过程，称为支链着火。一般工程上遇到的着火是由系统中热量的积聚，使温度急剧上升而引起的，这种着火称为热力着火。

燃气与空气混合物的热力着火，不仅与燃气的物理化学性质有关，还与系统中的热力条件有关。当燃气与空气的混合物在容器中进行化学反应时，分析其发生的热平衡现象，可以了解热力着火条件。

（二）燃烧速度

燃烧速度也称为正常火焰传播速度，它反映了单位时间内在焰面上消耗的可燃气体的量，常用来表示燃气燃烧的快慢。它指火焰从垂直于燃烧火焰面方向向未燃气体方向的传播速度。实际上，影响燃烧速度的因素很多，目前尚不能用精确的理论公式来计算燃烧速度。

应该将燃烧速度与可见火焰速度加以区分。可见火焰速度是未燃气体的流动速度与燃烧速度的和。已燃烧的气体因高温而体积膨胀，故可见火焰速度大都呈加速状态。同时，由于未燃气体的流动速度是变化的，所以可见火焰速度不是定值。在管道或风洞中，可见火焰速度很快，其值在每秒数米到每秒数百米，当火焰进一步加速而转为爆轰时，速度可高达 $1800 \sim 2000 \text{m/s}$。

（三）燃气的点火

当一微小热源放入可燃混合物中时，贴近热源周围的一层混合物被迅速加热，并开始燃烧产生火焰，然后向混合物中其余冷的部分传播，使可燃混合物逐步着火燃烧，这种现象称为强制点火，简称点火。能够引起可燃物燃烧的热源称为点火源，主要的点火源有：明火、电火花、火星、灼热体、聚集的阳光、化学反应热及生物热。

导致可燃混合气体点燃的电火花，常见的有静电、压电陶瓷、电脉冲及电气机械造成的火花。通常电脉冲、压电陶瓷用于燃气燃烧器的点火，而爆炸的发生经常是由静电以及电气机械造成的火花引起的。

电火花能点燃可燃混合气体，是因为两极间的可燃混合气体得到了电火花的能量而使其发生化学反应。此时存在着点火所必需的能量界限，该能量称为最小点火能。最小点火能的大小随可燃混合气体的种类、组成、压力以及温度等因素的变化而变化。

二、可燃混合气体爆炸的基础知识

（一）爆炸的含义

爆炸是物质的一种急剧的物理、化学变化，在变化过程中伴有物质所含能量的快速释放，变为对物质本身、变化产物或者周围介质的压缩能或运动能。爆炸时物质系统压力急剧升高。一般来说爆炸具有两方面特征。

1. 爆炸的内部特征

物质系统爆炸时大量能量在有限体积内突然释放或急骤转化，并在极短时间内在有限体积中积聚，造成高温、高压，导致邻近介质压力骤然升高和随后的复杂运动。

2. 爆炸的外部特征

爆炸介质在压力作用下，表现出不寻常的移动或机械破坏效应，以及介质受震动而产生的声响效应。

一般将爆炸过程分为两个阶段：一是某种形式的能量以一定的方式转变为单物质或产物的压缩能；二是物质由压缩状态变为膨胀，在膨胀过程中做机械功，进而引起附近介质的变形、破坏和移动。

（二）爆炸的分类

1. 按照爆炸的性质不同分类

（1）物理性爆炸

物理性爆炸是由物理变化（温度、体积和压力等）引起的，在爆炸的前后，爆炸物质的性质及化学成分均不改变，发生变化的仅仅是该物质的状态参数（如温度、压力、体积），如液化石油气、压缩天然气超压引起的储气钢瓶爆炸。

可燃气体引起的物理性爆炸，往往伴随化学性爆炸，危害巨大。

（2）化学性爆炸

化学性爆炸是由于物质发生急速的化学反应，产生高温、高压而引起的爆炸。在化学爆炸中的物质，无论是可燃物质与空气的混合物，还是爆炸性物质（如炸药），都是一种相对不稳定的系统，在外界一定强度的能量作用下，能产生剧烈的放热反应，产生高温、高压和冲击波，从而产生强烈的破坏作用，如可燃气体、可燃液体蒸气的爆炸。化学爆炸前后物质的性质和成分均发生了根本的变化，这种爆炸能直接造成火灾，具有很大的火灾危害性。化学爆炸按爆炸时所发生的化学变化的形式又可分为 4 类。

①简单分解爆炸。简单分解爆炸的爆炸物在爆炸时并不一定发生燃烧反应，爆炸所需的能量是由爆炸物本身分解产生的。这类物质受震动即可引起爆炸，较为危险。

②复杂分解爆炸。这类物质爆炸时伴有燃烧现象，燃烧所需的氧是由本身分解产生的，如 TNT 炸药、硝化棉及烟花爆竹爆炸就属于这类爆炸。

③爆炸性混合物爆炸。所有可燃气体、可燃液体蒸气和可燃粉尘与空气（或氧气）组成的混合物发生的爆炸均属于此类。此种爆炸需要一定条件，如爆炸性物质的含量、氧气含量和激发能源（明火、电火花、静电放电等）。虽然爆炸性混合物爆炸的破坏力小于简单分解爆炸和复杂分解爆炸，但是由于石油化工企业产生爆炸性混合物的机会多，且不易察觉，因此，其实际危害大于其他类型的爆炸。

④分解爆炸性气体的爆炸。分解爆炸性气体分解时产生相当数量的热量，当物质的分解热为 80kJ/mol 以上时，在激发能源的作用下，火焰就能迅速地传播开来，其爆炸是相当激烈的。在一定压力下容易引起该种物质的分解爆炸，当压力降到某个数值时，火焰便不能传播，这个压力称为分解爆炸的临界压力。如乙炔分解爆炸的临界压力为 0.137MPa，在此压力下储存装瓶是安全的，但是若有强大的点火能源，即使在常压下也具有爆炸危险。

燃气爆炸是指短时间内发生在有限空间中，燃气化学能转化为热能形成高温高压导致气体膨胀，对周围物体产生压力和破坏的机械作用。燃气爆炸属于爆炸性混合物爆炸，是可燃气体和助燃气体以适当的浓度混合，由燃烧或爆轰波的传播而引起的。这种爆炸的过程极快，例如 $30MJ/m^3$ 的燃气与空气混合后，在 $0.2s$ 的时间内即可完全燃烧。

2. 按爆炸的瞬时燃烧速度分类

（1）轻爆

物质爆炸时的燃烧速度为每秒数米，爆炸时无太大破坏力，声响也不大。如无烟火药在空气中的快速燃烧，可燃气体混合物在接近爆炸浓度上限或下限时的爆炸即属于此类。

（2）爆炸

物质爆炸时的燃烧速度为每秒十几米至每秒数百米，爆炸时能在爆炸点引起压力激增，有较大的破坏力，并伴有震耳的声响。可燃混合气体在多数情况下的爆炸，以及被压火药遇火源引起的爆炸即属于此类。高于正常燃烧速度而低于声速传播的爆炸称为爆燃。

（3）爆轰

物质爆轰的燃烧速度为 $1000 \sim 7000m/s$。爆轰时的特点是突然引起极高压力，并产生超声速的冲击波。由于在极短时间内发生的燃烧产物急剧膨胀，像活塞一样挤压其周围气体，反应所产生的能量有一部分传给被压缩的气体层，形成的冲击波由它本身的能量所支持，迅速传播并能远离爆轰的发源地而独立存在，同时可引起该处的其他爆炸性气体混合物或炸药发生爆炸，从而发生一种"殉爆"现象。

（三）爆炸极限的影响因素

1. 初始温度的影响

混合气体的初始温度越高，爆炸下限越低，上限越高，爆炸极限范围扩大。因为系统温度升高，分子热力学能（内能）增加，使原来不燃的混合物成为可燃、可爆系统，所以系统温度升高，爆炸危险性增加，如二甲醚在 $20℃$、$40℃$、

60℃时的爆炸极限分别为 4.0% ~16.1% 、4.1% ~16.5% 、4.2% ~20.0% 。

2. 氧含量的影响

混合物中氧含量增加，一般对爆炸下限影响不大，因为在下限浓度时，氧气对于燃气是过量的。由于在上限浓度时含氧量相对不足，所以增加氧含量会使氮气含量降低，散热损失减少，爆炸上限提高。

3. 惰性介质及杂质的影响

如果在爆炸混合物中加入不燃烧的惰性气体，随着惰性气体所占比重的增加，爆炸极限范围缩小，惰性气体的含量提高到一定浓度时，混合物不能爆炸。一般情况下，惰性气体对混合物上限的影响较之对下限的影响更为明显。因为惰性气体浓度加大，可燃成分必然相对减少，将导致爆炸上限明显下降。水等杂质的存在对气体反应影响很大，如干燥的氢氧混合物在 1000℃ 以下不会自行爆炸，而少量硫化氢的加入会大大降低氢氧混合物的燃点而促使其爆炸。

4. 初始压力的影响

混合物的初始压力对爆炸极限有很明显的影响，其爆炸极限的变化也较为复杂。一般来说，压力增大，爆炸极限范围也扩大，尤其是爆炸上限显著提高。这是因为系统压力增高，使分子间距减小，提高了分子有效碰撞概率，使燃烧反应更加容易进行。压力降低，则爆炸极限范围缩小。当压力降到某值时，则爆炸上限与爆炸下限重合，此时对应的压力称为爆炸的临界压力。若压力降至临界压力以下，系统便不会成为爆炸系统。但也有例外，如一氧化碳空气系统，压力越高，爆炸范围越窄。

5. 容器的影响

充装容器的材质、尺寸等对物质爆炸极限均有影响。实验证明，容器管径越小，爆炸极限范围越小。当直径减小到一定程度时，火焰即不能传播，这一间距称为最大灭火间距，也称临界直径。这是因为火焰经过管道时，被其表面冷却。管道尺寸越小，则单位体积火焰所对应的固体冷却表面积就越大，传出的热量也越多。当通道直径小到一定值时，火焰便会熄灭，阻火器就是应用此原理制成的。

6. 点火源

点火源的性质对爆炸极限有很大的影响。如果点火源的强度高，热表面的面积就大，点火源与混合物的接触时间长，就会使爆炸极限扩大，其爆炸危险性也随之增加。如火花的能量、热表面的面积、火源与混合物的接触时间等，对爆炸极限均有影响。如甲烷在 100V 电压、1A 电流火花作用下，无论在何种比例下均不爆炸；当电流增加到 2A 时，其爆炸极限为 5.9% ~ 13.6%；电流增加到 3A 时，其爆炸极限为 5.85% ~ 14.8%。

（四）可燃混合气体的爆炸形态

气体的燃烧形态可分为预混燃烧和扩散燃烧。预混的可燃气体在空气中着火时，因为燃烧气体能自由地膨胀，火焰传播速度较慢，几乎不产生压力和爆炸声响，此情况可称为缓燃；而当燃烧速度很快时，将可能产生压力波和爆炸声，形成爆燃。在密闭容器内的可燃混合气体一旦着火，火焰便在整个容器中迅速传播，使整个容器中充满高压气体，内部压力在短时间内急剧上升，形成爆炸。当其内部压力超过初始压力的 10 倍时，会产生爆轰。爆燃和爆轰的本质区别在于爆燃为亚声速流动，而爆轰为超声速流动。下面说明爆炸的形态变化。

一根装有可燃混合气体的管，一端或两端敞开。在敞开端点火时就能传播燃烧波，此燃烧波保持一定速度且不加速到爆轰波。这属于正常的火焰传播，也就是燃烧。

假如在密封端点燃可燃混合气体，那么就形成燃烧波，而该燃烧波能加速变成爆轰波。燃烧波加速产生爆轰波的机理为：可燃混合气体开始点燃时形成燃烧波，燃气缓燃所产生的燃烧产物的比容为未燃燃气的 5 ~ 15 倍，而这些已燃燃气相当于一个燃气活塞，通过产生的压缩波，给予火焰前面未燃燃气一个沿管道流向下游的速度。由于每个前面的压缩波必然能稍稍加热后面的未燃混合气体，因此声速增加，而随后的这些波就追上最初的波，使火焰传播速度进一步增加，也就进一步提高了未燃混合气体的运动速度，使未燃气体从层流运动过渡到紊流运动状态。而紊流火焰传播速度远远大于层流火焰传播速度，进一步提高了未燃气体加速度和压缩波速度，因此就可以形成激波。若该波足够强，以至于依靠本身的能量就能点燃可燃混合气体，则激波后的反应将连续向前传递压缩波，此波能阻止激波峰的衰减并得到稳定的爆轰波。

爆轰波峰中的火焰状态与提供维持爆轰波所需能量的其他火焰状态相似。主要区别是爆轰波的波峰通过压缩引起化学反应，并且本身能自动维持下去。另外，这种火焰能在高度压缩并已预热的气体中燃烧，而且燃烧速度极快。激波能直接引发爆轰，而明火、电火花等点火源不能引起爆轰。另外，当一个平面激波穿过一些可爆的未燃气层时，由于压缩作用，它会连续不断地引起化学反应，而在该激波后面的火焰区就像前面一样连续传递压缩波。

爆轰现象是在可燃气体处于某种组分范围内出现的，这一现象发生的时间极短，引起的压力极高，传播速度高达 2000～3000m/s。

爆轰现象不仅在混合气体中发生，只要分解热为正数，在纯物质系统中也能发生，如在臭氧、一氧化二氮及高压乙炔等物质中都能发生爆轰现象。

第三节　雷电与静电及其危害

一、雷电的基础知识

雷电是雷暴天气的产物，而雷暴则是在垂直方向上剧烈发展的积雨云所形成的。积雨云中正负电荷中心之间或云中电荷中心与大地之间的放电过程称为雷电。

（一）雷电现象

雷电一般产生于对流发展旺盛的积雨云中。积雨云中电荷分布不均匀，形成许多堆积中心，因此在云中或在云对地之间，电场强度并不一样。云的上部以正电荷为主，下部以负电荷为主，这样云的上下部之间会形成一个电位差，当云中电荷密集处的电场达到 $25 \sim 30kV/（m \cdot h）$ 时，就会由云向地开始先导放电（对于高层建筑，雷电先导可由地表向上发出，称为上行雷）。当先导通道的顶端接近地面时，可诱发迎面先导（通常起自地面的突出部分），当先导与迎面先导会合时即形成了从云到地面的强烈电离通道，这时出现极大的电流，这就是雷电的主放电阶段，闪电的平均电流是 $3 \times 10^4 A$，最大电流可达 $3 \times 10^5 A$，电压约为 $1 \times 10^8 \sim 1 \times 10^9 V$。一个中等强度雷暴的功率相当于一座小型核电站的输出功率。放电过程中，由于闪电通道中温度骤增，使空气体积急剧膨胀，从而产生冲击波，导致强烈的雷鸣。

（二）雷电的分类

雷电分直击雷、电磁脉冲、球形雷和云闪。其中直击雷和球形雷都会对人和建筑造成危害，直击雷就是在云体上聚集很多电荷，大量电荷要找到一个通道来释放，有的时候是一个建筑物，有的时候是一个铁塔，有的时候是空旷地方的一个人，所以当这些人或物体变成电荷释放的一个通道时，就会把人击伤或者将建（构）筑物击损。直击雷是威力最大的雷电，而球形雷的威力比直击雷小。电磁脉冲主要影响电子设备，主要是电子设备受感应作用所致。云闪由于是在两块云之间或一块云的两边发生的，对人类危害最小。

（三）雷击易发生的部位

雷害事故的历史资料统计和实验研究证明：雷击的地点和建（构）筑物遭受雷击的部位是有一定规律的，一般容易遭受雷击的地方有：

（1）平屋面和坡度 $i \leqslant 1/10$ 的屋面。檐角、女儿墙、屋檐。

（2）$1/10 < i < 1/2$ 的屋面。屋角、屋脊、檐角、屋檐。

（3）$i \geqslant 1/2$ 的屋面。屋角、屋脊、檐角。

（4）建（构）筑物突出部位，如烟囱、电视天线。

（5）高耸突出的建（构）筑物，如水塔、电视塔。

（6）排出导电尘埃的厂房和废气管道。

（7）建（构）筑物群中特别潮湿和地下水位高的地带，或埋有金属管道、内部有大量金属设备的厂房。

（8）地下有金属矿的地带。

（9）开阔地上的大树、山地的输电线路等。

（四）雷电的危害

雷电的危害性主要表现在雷电放电时所产生的各种物理效应，它们具有很大的破坏力，按其破坏机制可分为电磁效应、热效应和机械效应。雷电发生时，可在千分之几到十分之几秒内产生几百千安的电流、几百千伏的电压、十亿到上千亿瓦特的电能、上万度的高温、猛烈的冲击波，剧变的静电场和强烈的电磁辐射等物理效应，会给人类造成多种危害。据统计，全球每年因雷电灾害而导致的经济损失约为 10 亿美元，死亡人数在 3000 以上。

1. 直击雷危害

直击雷危害是指雷电直接击在建（构）筑物上，它的高电压和大电流产生的电磁效应、热效应和机械效应会造成许多危害，如使房屋倒塌、烟囱崩毁，引起森林起火，油库、火药库爆炸，造成飞行事故，户外的人畜伤亡等。直击雷概率小，但危害极大。

2. 静电感应危害

雷电的静电感应危害是指雷雨云闪电时，强大的脉冲电流使云中电荷与地面中和，从而引起静电场的强烈变化，导致附近导体上感应出与先导通道符号相反的电荷，雷雨云放电时，先导通道中的电荷迅速中和，在导体上感应电荷得到释放，如不就近泄入地中，就会产生很高的电位，造成火灾，损坏设备。

3. 电磁感应危害

雷电的电磁感应危害是指雷电流在 $50 \sim 100 \mu s$ 的时间内，从 0 变化到数十万安，再由数十万安变化到 0，在其周围空间中产生瞬变的强电磁场，在空间变化电磁场中的物体，无论是导体还是非导体，均做切割磁力线运动，使其产生很高的电磁感应电动势，造成危害。当物体距离雷电较近时，主要受静电感应影响，距离雷电较远时，主要受电磁辐射的影响，轻则干扰信号线、天线等无线电通信，重则损坏仪器设备。

4. 雷电波入侵危害

雷电波入侵危害是指雷电击到电源线、信号线、金属管道后，以电波的形式窜入室内，危及人身安全或损坏设备。

5. 球雷危害

球雷是一种橙色或红色的类似火焰的发光球体，偶尔也呈黄色、蓝色或绿色。大多数火球的直径在 $10 \sim 100cm$。球雷常由建（构）筑物的孔洞、烟囱或开着的门窗进入室内，有时也通过不接地的门窗铁丝网进入室内。球雷有时自然爆炸，有时遇到金属管线而爆炸。球雷遇到易燃物质则造成燃烧，遇到可爆炸的气体或液体则造成更大的爆炸。爆炸后偶尔有硫磺、臭氧或氨水气味。火球可辐射出大量的热能，因而它的烧伤力比破坏力要大。

二、静电的基础知识

静电是由不同物质的接触和分离或相互摩擦而引起的。如生产工艺中的挤压、切割、搅拌、喷溅、流动和过滤，以及日常生活中的行走，站立，穿、脱衣服等都会产生静电。

（一）静电的特点

静电具有高电位、低能量、小电流和作用时间短的特点，并且受环境条件（尤其是湿度）的影响大。因此，静电测量时复现性差、瞬态现象多。静电在人体或设备上的电位一般为数百伏至数千伏，有时甚至高达数十万伏，但所累积的静电量却很低，通常为毫微库仑级，静电电流为微安级，作用时间多为微秒级。

（二）静电的放电现象

放电现象是由静电的电气作用而引起的电离现象，也就是当带电体上所产生的电场强度超过周围介质的绝缘击穿的电场强度时，带电体表面附近的介质就发生电离，因而使带电体上的电荷趋向减少或消失的现象。

（三）静电起电方式

使电介质或绝缘体产生静电的方式主要有：雷电感应起电、摩擦起电、吸附起电、沉降起电、溅泼起电、喷雾起电、破裂起电、碰撞起电、滴下起电、极化起电等。

（四）静电的产生

静电的产生方式很多，如接触、摩擦、冲流、冷冻、电解、压电、温差、雷电感应等，其基本过程可归纳为：接触—电荷转移—偶电层的形成—电荷分离，静电的产生主要与物质性质和所处的地理环境影响有关。

1. 物体静电形成的内因

（1）由于不同物质使电子脱离原来物体表面原子所需的功有所区别，因此，当二者紧密接触时在接触面上就发生电子转移，逸出功小的物质易失去电子而带正电，逸出功大的物质易获得电子而带负电。

（2）物质的导电性用电阻率来表示，电阻率越小，导电性能越好。率为 $10^{12}\Omega\cdot m$ 的物质最易产生静电，而电阻率大于 $10^{16}\Omega\cdot m$ 或小于 $10^{12}\Omega\cdot m$ 的物质则不易产生静电。

2. 物体静电形成的外因

（1）摩擦起电

两种不同的物体在紧密接触迅速分离时，由于相互作用，使电子从一个物体转移到另一物体上的现象，称为摩擦起电。另外，物体的撕裂、剥离、拉伸、撞击等产生的静电同摩擦起电的机理完全一致。

（2）附着带电

某种极性离子或自由电子附着在与大地绝缘的物体上，也能使该物体出现带静电现象。

（3）感应起电

带电的物体能使附近与它并不相连的另一导体表面的不同部分也出现极性相反电荷的现象。

（4）极化起电

某些物体在静电场内，其内部或表面的分子能产生极化而出现电荷的现象，称为静电极化现象。

（5）雷电感应起电

当金属物体处于雷云和大地电场中时，金属物体上会感应产生大量的电荷，雷云放电后，云与大地之间的电场虽然消失，但金属物上所感应积聚的电荷却来不及立即逸散，因此会产生很高的对地电压。

（五）静电的危害

静电导致的危害，主要产生在化工、石油、粉体加工、炸药等行业，编织、印刷等生产行业中的输送、装制、搅拌、喷射、涂敷、研磨、卷缠等生产工艺中，且易发生在冬季。

静电灾害从产生的原因和后果来看，可以分为以下三种。

1. 静电造成爆炸和火灾灾害

静电造成爆炸和火灾灾害是指静电放电成为可燃性气体、液体和粉尘等的引火源，产生灾害，从而造成可燃性物质燃烧、爆炸的后果。一般来讲，在接地良好的导体上产生的静电会很快泄漏到地面；但在绝缘物体上产生的静电，则会越积越多，形成很高的电位。当带电物体与不带电物体或静电电位很低的物体互相接近时，如果电位差达到300V以上，就会发生放电现象，并产生火花，若静电的火花能量大于周围可燃物的最小着火能量，而且可燃物在空气中的浓度也在爆炸极限范围以内就会引起燃烧或爆炸。

2. 静电电击危害

静电电击是指带静电的人体或由带电物体向人体放电，在人体中有电流流过，使人感受到电击的现象。静电电击造成的直接事故，不会伤害人，但静电电击造成的二次事故很可能是对人员造成伤害的事故。

3. 静电产生的生产故障

静电产生的生产故障与静电的力学效应和放电效应有关，常常造成产量下降甚至停产。如在化纤纺织工业中，由于化纤丝与金属机械的相互摩擦，会使化纤丝带电而相互排斥，以致松散、整丝困难，产生乱丝等现象。

第四节 燃气场站火灾危害

燃气场站设计中贯彻"预防为主，防消结合"的原则，以防止和减少火灾损失，保障人身和财产安全。燃气场站防火设计必须遵守国家、行业及相关部门的有关法规和政策，严格执行国家有关设计标准和规范，并参照国外标准。要结合实际，正确处理生产和安全的关系，积极采用先进的防火和灭火技术，做到保障安全生产，经济适用。设备选型时要做到设备性能可靠、技术先进、方便运行、便于维护。严禁选用淘汰产品，在保证技术、质量的前提下，同等价格优先考虑国内产品。简化管理体制，在满足现场输气运行安全的前提下，尽可能减少现场操作管理人员，降低运行管理费用，提高运行管理水平，提高管道自动化水平，强化监控系统。

一、火灾危险性分类

针对不同等级场站、燃气设施，消防设计要求均不相同。对场站进行火灾危险性分类十分必要，但各规范对于火灾危险性分类不尽相同。现行国家规范

《建筑设计防火规范》（GB 50016 - 2014）中关于易燃物质的火灾危险性分类（见表1 - 4 - 1）。现行国家规范《石油天然气工程设计防火规范》（GB 50183 - 2015）根据《建筑设计防火规范》的规定进行了细分（见表1 - 4 - 2），如将甲类液体又分为甲$_A$和甲$_B$。由表1 - 4 - 1和表1 - 4 - 2可以看出，常见燃气如液化石油气、液化天然气、人工燃气和天然气火灾危险性等级均为甲级，属于易燃易爆类物质。

表1 - 4 - 1　　　　　　易燃物质的火灾危险性分类

仓库类别	项别	储存物品的火灾危险性特征
甲	1	闪点 < 28℃的液体
	2	爆炸下限 < 10%的气体
	3	常温下能自行分解或在空气中氧化能导致迅速自燃或爆炸的物质
	4	常温下受到水或空气中水蒸气的作用，能产生可燃气体并引起燃烧或爆炸的物质
	5	遇酸、受热、撞击、摩擦催化以及遇有机物或硫磺等易燃的无机物，极易引起燃烧或爆炸的强氧化剂
	6	受撞击、摩擦或与氧化剂、有机物接触时能引起燃烧或爆炸的物质
乙	1	28℃ ≤ 闪点 < 60℃的液体
	2	爆炸下限 ≥ 10%的气体
	3	不属于甲类的氧化剂
	4	不属于甲类的化学易燃危险固体
	5	助燃气体
	6	常温下与空气接触能缓慢氧化，积热不散引起自燃的物品
丙	1	闪点 ≥ 60℃的液体
	2	可燃固体
丁		难燃烧物品
戊		不燃烧物品

表1-4-2　　　　　　　　石油天然气火灾危险性分类

类别		特　征	举　例
甲	A	37.8℃时蒸气压力 > 200kPa 的液态烃	液化石油气、天然气凝液、未稳定凝析油、液化天然气
	B	（1）闪点 < 28℃的液体（甲A类和液化天然气除外）； （2）爆炸下限 < 10%（体积百分比）的气体	原油、稳定轻烃、汽油、天然气、稳定凝析油、甲醇、硫化氢
乙	A	（1）28℃≤闪点 < 45℃的液体； （2）爆炸下限≥10%的气体	原油、氨气、煤油
	B	45℃≤闪点 < 60℃的液体	原油、轻柴油、硫磺
丙	A	60℃≤闪点≤120℃的液体	原油、重柴油、乙醇胺、乙二醇
	B	闪点 > 120℃的液体	原油、二甘醇、三甘醇

二、场站等级划分

1. 液化石油气、天然气场站等级划分

液化石油气、天然气场站的分级主要根据天然气生产规模和液化石油气的储罐容量大小而定。储罐容量大小不同，发生火灾后，爆炸威力、热辐射强度、波及的范围、动用的消防力量、造成的经济损失差别很大。因此，液化石油气、天然气场站的分级，从宏观上说，根据液化石油气和天然气储罐总容量来确定等级是合适的。当液化石油气和天然气场站内同时储存液化石油气和天然气两种燃气时，分别计算规模和储罐总容量，并按其中较高者确定场站等级。

（1）液化石油气场站等级划分

液化石油气场站按储罐总容量划分等级时，参见表1-4-3。

（2）天然气场站等级划分

天然气场站的生产过程都是带压生产，天然气场站火灾危险性大小除了与

天然气场站的生产规模有关，还同天然气场站生产工艺过程的繁简程度有很大关系。表1-4-4根据天然气场站的生产工艺和规模进行了等级划分。

表1-4-3 液化石油气场站分级

等级	液化石油气储存总容量 V/m^3	等级	液化石油气储存总容量 V/m^3
一级	$V_1 > 5000$	四级	$200 < V_1 \leqslant 1000$
二级	$2500 < V_1 \leqslant 5000$	五级	$V_1 \leqslant 200$
三级	$1000 < V_1 \leqslant 2500$		

表1-4-4 天然气场站的等级划分（$10^4 m^3/d$）

等级	天然气净化厂、天然气处理厂	天然气脱硫站、脱水站	天然气压气站、注气站
三级	$Q \geqslant 100$	$Q \geqslant 400$	—
四级	$50 \leqslant Q < 100$	$200 \leqslant Q < 400$	$Q > 50$
五级	$Q < 50$	$Q < 200$	$Q \leqslant 50$

另外，集气、输气工程中任何生产规模的集气站、计量站、输气站（压气站除外）、清管站、配气站等定为五级场站。

2. 加气站等级划分

（1）液化石油气加气站等级划分

液化石油气储罐为压力储罐（设计承受内压力不小于0.1MPa的储罐），其危险程度很高，必须控制液化石油气加气站储罐的容积。从需求方面看，液化石油气加气站主要建在市区内，而在城市郊区一般建有液化石油气储存站，液化石油气的储存期为2~3天，储罐容积一般为30~60m³，基本能够满足运营需要。另外，运送液化石油气的主要车型是10t液化石油气槽车，为了能一次卸尽10t液化石油气，加气站的储罐容积最好不小于30m³，具体划分见表1-4-5。

表 1-4-5   液化石油气加气站的等级划分

级 别	液化石油气罐容积/m³	
	总容积	单罐容积
一级	$45 < V \leq 60$	≤ 30
二级	$30 < V \leq 45$	≤ 30
三级	$V \leq 30$	≤ 30

（2）加油和液化石油气加气合建站的等级划分

加油和液化石油气加气合建站的级别划分，宜与加油站和液化石油气加气站的级别划分相对应，使某一级别的加油和液化石油气加气合建站与同级别的加油站、液化石油气加气站的危险程度基本相当，且能分别满足加油和液化石油气加气的运营需要。加油和液化石油气加气合建站的等级划分，应符合表1-4-6中规定。

表 1-4-6   加油和液化石油气加气合建站的等级划分

加油站	液化石油气加气站			
	一级 $120 < V \leq 180$	二级 $60 < V \leq 120$	三级 $30 < V \leq 60$	四级 $V \leq 30$
一级 $45 < V \leq 60$	×	×	×	×
二级 $30 < V \leq 45$	×	一级	一级	一级
三级 $20 < V \leq 30$	×	一级	二级	二级
四级 $V \leq 20$	×	一级	二级	三级

注：V 为油罐总容积或液化石油气罐总容积（m³）；"×"表示不能合建。

（3）加油和压缩天然气加气合建站的等级划分

加油和压缩天然气加气合建站的级别划分与加油和液化石油气加气合建站的等级划分原则相同，具体见表1-4-7。

表 1-4-7　　　　加油和压缩天然气加气合建站的等级划分

级别	油品储罐容积/m³		管道供气的加气站储气设施总容积/m³	加气子站储气设施总容积/m³
	总容积	单罐容积		
一级	60~100	≤50	≤12	≤18
二级	≤60	≤30		

（4）LNG 加气站、L-CNG 加气站、LNG/L-CNG 加气站的等级划分

加气站的等级划分主要考虑加气站设置的规模与周围环境条件的协调、汽车加气业务量和 LNG 储罐的容积应能接受进站槽车的卸量。目前，大型 LNG 槽车的卸量为 52m³ 左右，加气站 LNG 储罐容积宜按 1~3 天的销售量进行配置。具体等级划分见表 1-4-8。

表 1-4-8　　　　LNG 加气站、LCNG 加气站、LNG/LCNG 加气站的等级划分

级别	LNG 加气站		L-CNG 加气站、LNG/L-CNG 加气站		
	LNG 储罐总容积/m³	LNG 储罐单容积/m³	LNG 储罐总容积/m³	LNG 储罐单容积/m³	CNG 储气总容积/m³
一级	$120 < V \leq 180$	≤60	$120 < V \leq 180$	≤60	≤12
二级	$60 < V \leq 120$	≤60	$60 < V \leq 120$	≤60	≤9
三级	≤60		≤60		≤8

（5）LNG 加气、LCNG 加气、LNG/LCNG 加气与加油合建站的等级划分

现实规划时，可充分利用已有的二、三级加油站改扩建成加油和 LNG 加气合建站，有利于节省土地和提高加油加气站效益、加气站的网点布局，促进其发展，实用可行。LCNG 加气、LNG/LCNG 加气与加油合建站的等级划分可参照表 1-4-9 执行。

表 1-4-9　LNG 加气、LCNG 加气、LNG/LCNG 加气与加油合建站的等级划分

合建站等级	LNG 储罐总容积/m³	LNG 储罐总容积与油品储罐总容积合计/m³
一级	≤120	$150 < V \leq 210$
二级	≤60	$90 < V \leq 150$
三级	≤60	≤90

第二章

燃气泄漏的防范对策

目前，随着环保要求的不断提高，我国提倡大力发展城市天然气，使用天然气的用户也越来越多。天然气作为气源虽洁净，但是却容易泄漏，并且易燃、易爆。国内外发生的由燃气泄漏引发的重大爆炸事故并不罕见，为了维护燃气用户的生命财产安全，有必要对燃气泄漏的原因及危害进行分析，以采用相应的防范措施。

第一节　燃气泄漏的预防措施

一、燃气泄漏产生的原因

燃气泄漏的情况复杂，其主要原因归纳起来有以下几个方面。

（一）人为因素

首先，燃气泄漏事故与管理不善直接相关，互为因果。由于市场经济的激烈竞争，为了降低成本，追求高额利润，人们容易急功近利，存在侥幸心理，从而忽视安全生产，如制度不健全，管理人员未履行管理职责，员工未经专门技术培训而上岗作业，设备更新不及时，安全保护设施不齐全，设备未及时维修保养，不按规定进行巡检、定检，发现问题不及时处理等。其次，相关人员不遵守安全操作规程、违章作业、技术不熟练和操作失误也是造成泄漏的原因。员工安全教育不及时，工作不认真、想当然，思想上麻痹大意，劳动纪律松懈等人为疏忽造成的泄漏也不少见。另外，燃气设施若遭人为破坏，往往会导致灾难性的后果，所以，燃气企业必须切实加强安全保卫工作，防止人为破坏。

（二）设备、材料失效

设备、材料的失效是产生泄漏的直接原因。在燃气工程中，这类泄漏的例子屡见不鲜。究其原因主要有以下几个方面：

（1）材料本身的质量问题，如压力容器、钢管焊缝中的气孔、夹渣、未焊透、裂纹等焊接缺陷。

（2）制造工艺问题，如设备制造过程中的焊接、铸造、机械加工或装配工艺不合理等造成的质量问题。

（3）设备、材料的破坏，如设备、材料在使用过程中的腐蚀穿孔、磨损老化、应力集中等破坏现象。

27

（4）压力、温度造成装置的破坏，如装置中的内压、温度过高导致的破坏或温度过低发生的冻裂现象。

（5）外力破坏，如野蛮施工的大型机动设备的碾压、撞击等人为破坏及发生地震、洪水等自然灾害造成的管道断裂等。

（三）密封失效

密封是预防泄漏的元件，也是最容易出现泄漏的薄弱环节。密封失效的主要原因是设计不合理，材料质量差，安装不正确，密封结构和形式不能满足工况条件要求，密封件老化、腐蚀、变质、磨损等。

二、燃气泄漏的危害

燃气泄漏可能导致的危害性是巨大的。在燃气行业中，每年因燃气泄漏引发的安全事故不在少数，造成人员伤亡和财产损失的教训极为深刻。燃气泄漏的危害性，可以归纳为以下三个方面。

（一）物料和能量损失

泄漏首先是流失了有用的物料和能量，增加了能源的消耗和浪费。其次，还会降低生产装置和机器设备的产出率和运转效率，严重的泄漏还会导致生产装置和管网设施无法正常运行，被迫停产、停气、抢修，造成严重的经济损失，发生安全事故的可能性也随之增大。

（二）环境污染

燃气泄漏也是导致生产、生活环境恶化，造成环境污染的重要因素。因为燃气一旦泄漏到环境中是无法回收的，污染的空气、水或土壤对人体健康造成危害，甚至会危及人的生命安全。

（三）引发事故和灾害

泄漏是导致燃气生产、储存、运输和使用过程发生火灾、爆炸事故的重要原因。一是因为燃气是易燃易爆的危险物质；二是因为空气（助燃物）无处不在；三是因为燃气生产、储存、运输和使用各个环节经常接触到火源。因此，一旦燃气泄漏与空气混合浓度达到爆炸极限值，一遇火种就会发生爆炸事故。

三、预防燃气泄漏的措施

分析泄漏产生的原因，制订切实可行的预防措施，是保证燃气安全管理的有效途径。在治理燃气泄漏这一问题上，要坚持"预防为主，综合治理"的方针，要引进风险管理技术等现代化安全管理手段进行预测、预防，定量检测结构中的缺陷，依靠安全评价理论和方法进行分析并作出评定，然后确定缺陷是否危害结构安全，对缺陷的形成、扩展和结构的失效过程以及失效后果等作出定量判断，然后采取切实可行的防治措施。目前，预防燃气泄漏的措施也是多方面的。

（一）加强管理、提高防范意识

事实上，燃气泄漏往往能从管理上找到原因。因此，在燃气的生产、储存、运输和使用过程中，从管理着手，制订相关管理制度并运用科学的安全技术措施，对预防泄漏十分有效。

工业发达国家特别重视燃气泄漏的预测和预防工作，其提出并采用适用性评价技术和风险管理技术，不仅提高了结构材料失效预测预报水平，而且避免了不必要的经济损失。为了有效地减少或防止燃气泄漏事故的发生，需要制订合理的生产工艺流程、安全操作规程、设备维修保养制度、巡回检查制度等管理制度；强化劳动纪律和岗位责任的落实；加强员工安全技术培训教育，提高其技术素质和安全防范意识，使他们掌握燃气泄漏产生的原因、条件及治理方法。

（二）设计可靠、工艺先进

燃气在我国已得到广泛的应用，燃气输配技术有了很大的发展，新技术、新工艺、新材料的不断涌现为防止或减少燃气泄漏提供了可靠的技术基础。在燃气工程设计时要从各个方面充分考虑。

1. 工艺过程合理

可靠性理论证明，工艺过程环节越多，其可靠性越差。反之，工艺过程环节越少，可靠性则越好。在燃气工程中，采用先进技术压缩工艺过程，尽量减少工艺设备，或选用危害性小的原材料和工艺步骤，简化工艺装置，是提高生产装置可靠性、安全性的一项关键措施。

2. 正确选择生产设备和材料

正确选择生产设备和材料是决定设计成败的关键。燃气工程所采用的设备、材料要与其使用的温度、压力、腐蚀性及介质的理化特性相适应，同时要采取合理的防腐蚀、防磨损、防泄漏等保护措施。当选择使用新材料时，要在充分试验和论证后，方可采用。

3. 正确选择密封装置

在燃气输配过程中，常常碰到静密封和动密封问题。静密封主要有垫密封、密封胶密封和直接接触密封三大类。根据工作压力，静密封又可分为中低压静密封和高压静密封。中低压静密封常用材质较软、宽度较宽的垫密封，高压静密封则用材质较硬接触宽度很窄的金属垫片。动密封可以分为旋转密封和往复密封两种基本类型。按密封件与其做相对运动的零部件是否接触，可分为接触式密封和非接触式密封；按密封件接触位置，又可分为圆周密封和端面密封，端面密封又称为机械密封。动密封中的离心密封和螺旋密封，是借助机器运转时给介质以动力实现密封，故有时也称为动力密封。因此，密封材料、结构和形式设计要合理，如动密封可采用先进的机械密封、柔性石墨密封技术；在高温、高压和强腐蚀环境中，静密封宜采用聚四氟乙烯材料或金属缠绕垫圈等进行密封。

4. 设计留有余地或降额使用

为提高设计的可靠性，应考虑提高设防标准。如在强腐蚀环境中，钢管壁厚在设计时要有一定的腐蚀裕量。

在燃气工程中，生产设施最大额定值的降额使用也是提高可靠性的重要措施。设计的各项技术指标中的最大额定值在任何情况下都不能超过。如工作压力参数，即使是瞬间的超过也是不允许的。

5. 装置结构形式要合理

装置结构形式是设计的核心内容，为了达到安全可靠的目的，装置结构形式应尽量做到简单化、减量化。例如，储存燃气球罐的底部接管应尽量少而小，底部进、出口阀门还要加设遥控切断阀，并设置在防护堤外，一旦发生泄漏，不必到罐底人工切断第一道阀门。

6. 方便使用和维修

设计时应考虑装配、检查、维修操作的方便，同时也要有利于处理应急事故及堵漏。装置上的阀门应尽可能设置在一起，高处阀门应设置平台以便操作。法兰连接的螺栓应便于安装和拆卸。

（三）安全防护设施齐全

燃气工程中，安全防护装置有安全附件、防爆泄压装置、检测报警监控装置以及安全隔离装置等。

安全附件包括安全阀、压力表、温度计、液位计等。当出现超压、超温、超液位等异常情况时，安全附件是保证燃气系统安全运行的重要装置。因此，安全附件要定期检查，以保证灵敏可靠和齐全有效。

当出现超高压等异常情况时，防爆泄压装置是爆炸事故的最后一道屏障，如果这一道屏障失去作用，事故将难以避免。在燃气工程中，防爆泄压装置有爆破片、紧急切断阀、拉断保护阀、放空排放装置及其他辅助保护装置等。爆破片用于有突然超压和爆炸危险的设备爆炸时的泄压；紧急切断阀用于发生紧急事件时，紧急切断事发点上游的气源，以减少泄漏量并最终达到中止燃气泄漏的目的；当装卸物料时，充装软管突然受到强外力作用有被拉断的危险时，拉断保护阀先断开并自动切断气源，以保护充装软管免受拉断，防止燃气外泄；放空排放装置用于紧急情况下排放物料；其他辅助保护装置，如为防止杂质进入密封面产生泄漏，可在阀门和密封处设置过滤器、排污阀、防尘罩、隔膜等。

泄漏治理重在预测和预防，这离不开先进的技术和装备。在燃气行业，生产装置或系统中应优先考虑装备先进的自动化监测、检测仪器和设备，如在燃气储罐上设置流量、压力、温度、液位传感器；在充装设备上设置超限报警器和自动切断阀；在防爆区域设置燃气泄漏浓度报警器、静电接地保护报警器等。通过自动监测设备将现场采集的数据传送到中控室，由计算机统一管理，以达到现场监督和远程控制的目的。

自动喷淋的洒水装置既可以形成水幕、水雾将系统隔离，也可以控制燃气扩散方向，稀释并降低燃气与空气的混合浓度，从而降低火灾或爆炸的风险。安全隔离装置包括隔离带、隔离墙和防火堤等。如液化石油气储罐区，一般都会设置防泄漏扩散防护堤，一旦发生泄漏，可以将外泄的液化石油气控制在罐区之内，以便及时采取喷淋驱散或稀释措施，消除事故隐患。

（四）规范操作

规范操作是防止泄漏十分重要的措施。防止出现操作失误和违章作业，准确调节正常生产中的各种参数，如压力、温度、流量、液位等，减少或杜绝人为操作所致的泄漏事故。

（五）加强检查和维护

运行中的燃气设施要定期进行检查和维修保养，发现泄漏要及时进行处理以保证系统处于良好的工作状态。要通过预防性的检查、维修，改进零部件、密封填料，紧固松弛的法兰螺栓等方法消除泄漏；对于已老化的、技术落后的、泄漏事件频发的设备，应及时更新换代，从根本上解决泄漏问题。

第二节　燃气泄漏的检测方法

及时发现泄漏是预防、治理泄漏的前提，特别是燃气生产作业区域和使用场所，泄漏检测更显得重要和必要。传统上，人们凭借长期现场工作积累的经验，依靠自身的感觉器官，用"眼看、耳听、鼻闻、手摸"等原始方法查找泄漏。随着现代电子技术和计算机的迅速发展、普及，泄漏检测技术正在向仪器检测、监测方向发展，高灵敏度的自动化检测仪器已逐步取代人的感官和经验。目前，国内外普遍采用的泄漏检测方法有视觉检漏法、声音检漏法、嗅觉检漏法和示踪剂检漏法。

一、视觉检漏法

通过视觉来检测泄漏，常用的光学仪器有内窥镜、红外线检测仪等。

（一）内窥镜

工业内窥镜与医用胃镜的结构原理相同，它一般由光导纤维制成，是一种精密的光学仪器。内窥镜在物镜一端有光源，另一端是目镜，使用时把物镜端伸入要观察的地方，启动光源，调节目镜焦距，就能清晰地看到内部图像，从而发现有无泄漏，并且可以准确地判断产生泄漏的原因。内窥镜主要用于管道、容器内壁的检测。常用的内窥镜有三种：硬管镜（清晰度较高，但不能弯曲且探测的长度有限）、光纤镜（可以弯曲，但清晰度不高）和电子镜（既能弯曲，又能保证高清晰度）。

（二）红外线检测仪

自然界的一切物体都有辐射红外线的特性，温度不同的材料辐射红外线强弱也不相同。红外线探测设备就是利用这一自然现象，探测和判别被检测目标的温度高低与热场分布，对运行中的管道、设备进行测温和检测泄漏。特别是热成像技术，即使在夜间无光的情况下，也能得到物体的热分布图像，根据被测物体各部位的温度差异，结合设备结构和管道的分布，可以判断设备、管道运行状况，有无故障或故障发生部位、损伤程度及引起事故的原因。

由于管道、设备内的燃气一般跟周围环境有显著的温差，故可以通过红外热像仪检测管道、设备周围温度的变化来判断泄漏。海底敷设的燃气管道若出现泄漏点，就可以使用热像仪来检测。在美国等工业发达国家多使用直升机巡线，机载红外热成像仪器低空飞行检测管线安全运行状况，每天能检测几百公里的管道。

红外线检测技术常用的设备有红外测温仪、红外热像仪和红外热电视。其中红外热像仪多用于燃气泄漏检测。

二、声音检漏法

发生泄漏时，流体喷出管道、设备与器壁摩擦，穿过漏点时形成湍流，与空气、土壤等撞击都会发生泄漏声波。尤其是在窄缝泄漏的过程中，由于流体在横截面上流速的差异产生压力脉动而形成声源。采用高灵敏的超声波换能器能够捕捉到泄漏声，并将接收到的信号转变成电信号，经放大、滤波处理后，换成人耳能够听到的声音，同时在仪表上显示，就可以发现泄漏点。燃气工程中常用的声音检漏方法主要有超声波检漏、声脉冲快速检漏和声发射检漏。

（一）超声波检漏

超声波检漏仪是根据超声波原理设计而成的，其接收频率一般为 20 ~ 100kHz，能在 15m 以外发现压力为 35kPa 的管道或容器上 0.25mm 的漏孔。探头部分外接类似卫星接收天线的抛物面聚声盘，可以提高接收的灵敏性和方向性。外接塑料软管可用于检测弯曲的管道。

在停产检修的工艺系统中，内外没有压差的情况下，可在系统内部放置一个超声源，使之充满强烈的超声，因超声波可以从缝隙处泄漏出来，用超声波检漏仪探头对受检设备进行扫描，就可以找到裂纹或穿孔点。

（二）声脉冲快速检漏

燃气管道内传播的声波，一旦遇到管壁畸变（如漏孔、裂缝等缺陷）会产生反射回波。缺陷越大，回波信号也越大，回波的存在是声脉冲检测的依据。因此，在管道的一端安装一个声脉冲发送、接收装置，根据发送和接收回波的时间差，就可以计算出管道缺陷的位置。如 EEC - 16/XB 智能声脉冲检漏仪既可以检测黑色金属、有色金属管道的泄漏，也可以检测非金属管道的泄漏。

（三）声发射检漏

由材料力学可知，固体材料在外力的作用下发生变形或断裂时，其内部晶格的错位、晶界滑移或内部裂纹产生都会释放出声波，这种现象称为声发射。

声发射（Acoustic Emission，AE）检测技术就是利用容器在高压作用下缺陷扩展时所发出的声音信号进行内部缺陷检测，它是一种先进并且很有发展潜力的检漏技术。在燃气输配过程中，对在运行情况下的压力管道、容器可进行无损检测，不必停产，可节省大量的人力物力，缩短检测周期，经济效益十分显著。

三、嗅觉检漏法

嗅觉检漏法在燃气工程中应用非常广泛。近年来，以电子技术为基础的气体传感器得到迅速发展和普及，各式各样的可燃气体检测仪和报警器层出不穷，如便携式燃气检测仪、手推式燃气管道检漏仪、固定式可燃气体检测报警器以及家用燃气检测仪等，这些可燃气体检测仪和报警器的基本原理是利用探测器检测周围的气体，通过气体传感器或电子气敏元件得出电信号，经处理器模拟运算给出气体混合参数，当燃气逸出与空气混合达到一定的浓度时，检测仪、报警器就会发出声光报警信号。可燃气体检测仪和报警器种类很多，按安装形式可分为固定式和移动式两种（其中移动式又有便携式和手推式之分）；按传感器的检测原理可分为：火焰电离式、催化燃烧式、半导体气敏式、红外线吸收式、热线型和电化学式等类型。在我国燃气行业中，常用的传感器是催化燃烧式和半导体气敏式。

特别指出，在使用检测仪器时，要正确理解仪器上的读数。目前，世界上所有的可燃气体检测、报警仪所给出的气体浓度，都是以爆炸下限浓度的百分数而直接显示的数值。但人们往往将仪器上的读数误认为是可燃气体在空气中的浓度，如此必然严重影响应急抢险指挥。

四、示踪剂检漏法

由于天然气、液化石油气等燃气一般都无色无味，泄漏时很难察觉。为快捷地发现泄漏和安全起见，通常在燃气中添加一种易于检测的化学物质，称为示踪剂（加臭剂）。我国现行国家规范《城镇燃气设计规范》（GB 50028—2006）明确规定，燃气在进入社区之前必须加入臭味剂。加入的臭味剂多采用硫化物，如硫醇、二甲醚或四氢噻吩（THT）等，其中四氢噻吩是全世界公认最好的加臭剂，加臭后的燃气如发生泄漏较易察觉。

第三节　常用燃气抢修堵漏技术

现代燃气泄漏治理技术有了较大进步和发展，各种堵漏的设备、工具和方法很多，但从整体上来说技术水平还不高，效果也不够理想。特别是运行过程中燃气泄漏的治理，由于泄漏部位和运行压力、温度等条件的限制，在运行情况下堵漏，依然是泄漏治理领域的难题。事实上，每当发生燃气泄漏时，人们往往离不开"夹具""卡子"，甚至是"木楔子"等传统工具和方法，以下介绍几种常用的堵漏方法。

一、不带压堵漏

顾名思义，不带压堵漏就是将系统中介质的压力降至常压，或进行置换、隔离后进行的堵漏技术。不带压堵漏最常见的方法是动火焊接或粘接。

（一）动火焊接

在燃气工程中，动火焊接修补漏点，必须预先制订施工方案，办理动火作业许可证，并落实基本安全技术措施。

停工检修的燃气管道与设备，在动火焊接之前，必须与运行系统进行可靠的隔离。所谓隔离，仅靠关闭阀门是不行的，因为阀门经过长期的介质冲刷、腐蚀、结垢或杂质积存，很可能发生内漏。正确的隔离方法是将与检修设备相连的管道拆开，然后在管道一侧的法兰上安装盲板。如果无可拆部分或拆卸十分困难，则应在与检修设备相连的管道法兰接头之间插入盲板。若动火时间很短，低压系统可用水封隔离，但必须派专人现场监护。

检修完工后，系统恢复运行前应及时将盲板抽除。抽盲板属于危险作业，必须严格按施工方案要求进行。盲板应进行编号，逐个检查，否则将发生泄漏，影响装置的开工和正常运行，严重情况还会导致设备损坏事故。

装置检修前，应对系统内部介质进行置换。燃气装置中置换的介质，通常采用惰性气体和水。系统置换后，若需要进入装置内部作业，还必须严格遵守《受限空间作业安全操作规程》的有关安全技术规定，以免发生意外。

为确保检修施工安全，焊补作业前半小时，应从管道、容器中及动火作业环境周围的不同地点进行气体取样分析，检测可燃气体混合浓度合格后方可动火作业。有条件的，在动火作业过程中，还要用仪器进行现场监测。如果动火中断半小时以上，应重新作气体分析。

从理论上说，只要空气中可燃气体浓度低于爆炸浓度下限，就不会发生爆炸事故，但考虑到取样分析的代表性，仪表的准确度和分析误差，应留有足够的安全裕度。我国燃气行业要求的安全燃气浓度一般低于爆炸下限值的20%。如果需进入容器内部操作，除保证可燃气体浓度合格外，还应保证容器内部含氧量不小于18%。

（二）粘接

使用粘接剂来进行连接的工艺称为粘接。粘接技术在泄漏治理中正发挥越来越重要的作用。有的粘接工艺方法能达到较高的强度，且已部分取代传统的连接工艺方法如焊接、铆接、压接、过盈连接等，特别是对非金属材料管道

（如 PE 塑料管道）的堵漏修补，优势十分明显。对于钢质材料的粘接修补始终存在强度偏低的问题，因此粘接不宜用于高、中压燃气装置的泄漏治理。

粘接材料主要是指胶粘剂，俗称"胶"。胶粘剂种类繁多，成分各异，按化学成分可以分为有机和无机两大类。目前使用的胶粘剂以有机胶粘剂为主，如合成树脂型、合成橡胶型、丙烯酸酯类和热熔胶等。

胶粘剂可根据设备压力、温度、结构状况和母材类型等情况来选用。堵漏常用的胶粘剂有环氧树脂类、酚醛树脂类和丙烯酸酯类等。这些胶粘剂一般呈胶泥状，使用时不流淌，不滴溅，便于施工。

粘接作为一种堵漏工艺具有以下优点：适应范围广，能粘接各种金属、非金属材料，而且能粘接两种不同的材料；粘接过程不需要高温，不用动火，粘接的部位没有热影响区或变形问题；胶粘剂具有耐化学腐蚀、绝缘等特性；工艺简单，方便现场操作，成本低，安全可靠。

粘接的缺点是：不耐高温，一般结构胶只能在 150℃ 以下长期工作；抗冲击性能差，抗弯、抗剥离强度低，耐压强度较低；耐老化性能差，影响长期使用。由于以上缺点，粘接工艺用于高、中压燃气设施堵漏受到一定限制。但是粘接工艺在堵漏领域仍占有重要的地位，而且发展潜力很大，一些过去不能适应的环境现在已能从容应对。所以，粘接工艺将是燃气工程堵漏技术的发展趋势。粘接施工前，应先将处理部位表面锈物、垢物除净锉光，然后用丙酮清洗；再按胶粘剂说明书要求的比例将各组分混合均匀；将配好的胶泥涂覆在管道或设备泄漏部位；最后覆盖上加强物（玻璃纤维布、塑料等）；待固化后，再进行试压，试压合格后，方可投入使用。

粘接法一般不能直接带压堵漏。因为胶粘剂都有一个从流体到固体的固化过程，在没有固化时，胶本身还没有强度，此时涂胶，马上就会被漏出的气体冲走或冲出缝隙，即使固化了，也会有裂缝，达不到止漏的目的。

二、带压堵漏

带压堵漏是指在不停产、不降温、不降压（或带气降压）的条件下完成堵漏。采用这种技术可以迅速地消除管道或设备上出现的泄漏，特别是应对突发事件时，对防止安全事故的发生具有非常重要的意义。

带压堵漏方法虽然很多，但从整体上来说，技术还不够成熟，实际操作往往还离不开传统的"夹具"。目前常用的带压堵漏方法主要有夹具堵漏、夹具注胶堵漏和带压焊接堵漏等。

（一）夹具堵漏

夹具是最原始的消除低压泄漏的专用工具，俗称"卡子或管箍"。一般由钢管夹、密封垫（如铅板、石棉橡胶板等）和紧固螺栓组成。

常用的夹具是对开的两半圆状物，使用时，先将夹具扣在穿孔处附近，插上密封垫后再上螺栓，以用力能使卡子左右移动为宜，然后将卡子慢慢移至穿孔部位，上紧螺栓固定。在紧固螺栓操作时，可用铜锤敲击夹具外表面，以便使密封垫嵌入泄漏点内。选择密封垫的厚度要适中，同时还要考虑漏点的位置及介质的压力、温度等因素。

（二）夹具注胶堵漏

夹具注胶堵漏实际上是机械夹具与密封技术复合发展的一种技术，它是通过密封胶、高压注射枪与手动油泵和夹具组合完成的。

国内常用的密封胶有几十种，但各自性能不同。由于密封胶直接与泄漏介质接触，所以应根据不同的温度、压力和介质选择不同种类的密封胶。密封胶按受热特性可分为热固化型和非热固化型两大类。由于燃气泄漏往往使温度急剧下降，尤其是冬季漏点处会结霜上冻，所以用于燃气泄漏的密封胶应选用非热固化型，且要求的使用温度通常在 −20℃ 左右或更低。

高压注射枪用来将密封胶注射入密封夹具内部空腔。它由胶料腔、活塞杆、液压缸、连接螺母四部分组成，工作过程分为注射和自动复位两个阶段。手动油泵的作用是产生高压油，推动高压注射枪的活塞，使密封胶射入密封空腔，以达到堵漏的目的。

夹具的作用是包住由高压注射枪射进的密封胶，使之保持足够的压力，防止燃气外漏。夹具的设计制作取决于泄漏处的尺寸和形状，具体要求如下：夹具要具有足够的强度和刚度，在螺栓拧紧时不允许有明显的变形，避免因强度过低而造成在注胶压力下夹具变形，从而导致堵漏失败；夹具制作精确度要高，尽量减少配合间隙，以防密封胶滋出，同时要保持夹具内腔通畅。注胶孔应多而匀，一般为 4~10 个，这样就可以在连接注射枪时躲开障碍物，并可观察胶的填充情况；应考虑选材和加工方便，尽量减少加工工序；夹具要向标准化靠拢，如标准法兰、弯头、三通等。

进行堵漏操作的人员必须经过专业技术培训，持证上岗。堵漏操作方法需要经过以下操作步骤：堵漏前，堵漏人员应先到现场了解泄漏介质的性质、系统的温度和压力参数，选择合适的密封胶和夹具；安装夹具要注意注胶孔的位置，应便于操作；安装时还要注意夹具与泄漏体的间隙，间隙越小越好，一般来说间隙不宜大于 0.5mm，否则应通过加垫措施予以消除间隙；夹具上每个注胶孔应预先安装好注射接头，接头上的旋塞阀应全开，泄漏点附近要有注射接头，以利于泄漏物引流、卸压；在注射接头上安装高压注射枪，枪内装上密封胶，将注射枪和油泵连接起来，即可进行注胶操作；注射时，先从远离泄漏点背面开始（此时所有注胶孔应打开卸压），将胶往漏处赶。如果有两个漏点，则从其中间开始。

（三）带压焊接堵漏

事实上，发生泄漏的部位往往作业空间狭小，而且可能是在高压、低温场合，夹具安装很困难。甚至有些泄漏部位结构复杂，几何形状不规整，如罐体接出管道根部位置，夹具无法安装。这时可以考虑采用带压焊接堵漏方法。

1. 短管引压焊接堵漏

泄漏缺陷中较多的一类情况是管道的压力表、其他出管根部断裂或焊缝出现的砂眼、裂缝所造成的泄漏，这种泄漏状态往往表现为介质向外直喷，垂直方向喷射压力较大而水平方向相应较小。根据这个特点，可在原来的断段外加焊一段直径稍大的短管，再在焊接好的短管上装上阀门，以达到切断泄漏的目的。短管上应预先焊好以主管道外径为贴合面的马鞍形加强圈，以使焊接引压更为可靠和容易。阀门以闸板阀最理想，便于更好地引压。这种方法处理时间短、操作简单，适用于中、高压管道的泄漏故障。

2. 螺母焊接堵漏

对一些压力较低、泄漏点较小的管道因点腐蚀造成泄漏的部位，可采用螺母焊接堵漏的方法，即在管道表面漏点处焊上规格合适的螺母，然后拧上螺栓，最后再焊死，达到堵漏的目的。这种方法用料简单、影响面小，且无其他车工、管工、钳工交叉作业。

3. 挤压焊接堵漏

挤压焊接堵漏适用于压力在 0.6MPa 以下及壁厚在 6mm 以上的碳素钢管及压力容器。由于城镇燃气具有易燃、易爆的特点，现场不能动焊，如果泄漏量不大，内部介质压力不高，泄漏处管道又具有一定壁厚的情况，用挤压焊接堵漏的方法。用铜质防爆榔头、凿子，将漏点周围金属材料锤钉，挤进漏缝，用冲击力使管材金属塑性变形，再辅以粘接、堆焊，以达到堵漏的目的。这种方法较为实用。

4. 直接焊接堵漏

对于有些泄漏量不大、压力较低、管道有一定的金属厚度或位置又不容许加辅助手段的泄漏点，可采用直接焊接的方法，它主要是通过与挤压法交替使用，边堆焊、边挤压，逐渐缩小漏点，最终达到堵漏的目的。

5. 带压焊接堵漏的技术措施

带压焊接堵漏在操作时应充分考虑现场具体的技术与环境条件，如系统中温度、压力、燃气介质、管材、现场施工条件等因素，并采取相应的、有针对性的安全技术措施：焊接堵漏用的管材、板材应与原管道母材相匹配，焊接材料与原有管道材料相对应；在带压焊接堵漏时，考虑到泄漏介质在焊接过程中对焊条的敏感作用，打底焊条可采用易操作、焊条性能较好的材料，而中间层及盖面焊条则必须按规范要求选用；在直接焊接过程中，可加大焊接电流，使电弧喷和作用大于介质泄漏压力，再辅之以挤压，逐层焊接收口，从而消除泄漏。

6. 带压焊接注意事项

燃气泄漏可能造成漏点周围形成易燃易爆或有毒的空间环境，稍有不慎，便会导致人身伤亡和财产事故的发生。因此，必须在带压焊接施工前制订周密的实施方案，包括详细的安全技术措施，并在施工中严格执行。除此之外，还要注意以下事项：在处理管道泄漏焊接前，要事先进行测厚，掌握泄漏点附近管壁厚度，以确保作业过程中的安全；在高、中压管道泄漏焊接时，应采用小电流，而且电焊的方向应偏向新增短管的加强板，避免在泄漏的管壁上产生过大的熔深；高温运行的管道补焊，其熔深必然会增加，需要进一步控制焊接电流，一般可比正常小10%左右。焊接堵漏施焊时，严禁焊透主管。

下列情况不能采用带压焊接堵漏作业：

（1）毒性极大的燃气泄漏，必须考虑操作人员的安全问题。

（2）管道、设备等受压元件器壁因裂纹而产生的泄漏，因为消除泄漏并不能保证裂纹不再扩展。

（3）管道腐蚀、冲刷减薄状况不清的泄漏点，如果仅按表面泄漏状况来处理，则可能出现此堵彼又漏的状况，并且容易把泄漏部位管壁压瘪，加剧泄漏的事故。如管壁厚度减到计算值以下时，堵漏可作为短期运行的临时应急措施处理，但必须采取保证安全的其他措施。

（4）泄漏点泄漏特别严重，带压堵漏非常困难，特别是在压力高、介质易燃易爆或腐蚀、毒性都比较大的情况下。

（5）堵漏现场安全措施不符合企业或常规安全规定。

带压堵漏工作是一项不停产状态下的设备维修技术，在作业过程中必须遵循严格的安全操作规程，其操作人员必须经过系统的专门培训。

应用带压堵漏技术的单位必须严格带压堵漏工作的管理。带压堵漏工作必须有组织有领导地进行，应配备必要的检测仪器及完善的堵漏设备和工具，必须设技术负责人，负责组织堵漏技术的现场操作、夹具设计及安全措施的制订工作。专业技术人员和施工操作人员要到泄漏现场详细调查和勘测，提出具体施工方案，制订有效的操作要求和防护措施，报主管部门审批后，才能进行施工。在施工中应用该技术的单位安全部门应派人进行现场监督。

带压焊接堵漏方法只是一种临时性的应急措施，许多泄漏故障还需通过其他手段或必要的停工检修来处理。即使采取了带压焊接堵漏，在系统或装置大修、停气检修时，也应将堵漏部分用新管加以更新，以确保下一个检修周期的安全运行。

（四）带压气焊接堵漏案例

1. 概述

2000 年 8 月，某燃气储配站站外埋地高压输气管道发生燃气泄漏事件。当天，巡线工在例行安全巡线时，使用便携式燃气检漏仪和手推移动式燃气检漏仪进行检测，检漏仪显示燃气浓度均高于仪表设定的下限值，并伴有声光报警。经查询该埋地燃气管道的设计工艺参数如下：

输送介质：液态液化石油气；

工作压力：1.77MPa；

管道规格与材质：D219×8，20 号无缝钢管；

区段管道长度：3500km；

埋设深度：−1.15m；

使用年限：12 年。

2. 应急处理措施

初步确定泄漏点位置后，燃气公司立即启动应急预案。首先，对漏点周围进行警示隔离，派人进行警戒，并书面报告城管部门，办理开挖申请。同时，对输气管道进行扫线，以清除管内的液相介质。扫线后，关闭漏点区段管道上、下游阀门，关闭后的阀门上锁，挂牌警示严禁操作。组织抢修队对怀疑漏点位置进行人工开挖，施工现场按应急预案配齐安全防护和消防灭火器材，做好安全防范措施。当挖至 −0.70m 左右时，发现有冻土，并听到"咝咝"泄漏声，挖开蜂窝状冻土块，发现管道底部有一处黄豆粒大小的穿孔。

3. 泄漏原因分析

管道输送介质是高压液态液化石油气，因管线上设置了多个控制阀门，燃气介质在管道内高速流动，流经阀门处会产生湍流现象，从而导致管道产生频率高、振幅弱的振动波。当管道外壁接触到尖硬物，长期的振动使管道防腐绝缘层受损，加之当地重盐分土壤的侵蚀，因此发生管道穿孔泄漏。

4. 堵漏方法的选择

根据泄漏的燃气介质、压力、管道泄漏部位以及生产情况和现场的环境条件，确定切实可行的堵漏施工方法，是堵漏成功的关键。

该输气管道受生产运行条件的限制，停产抢修时间不宜超过 36 小时，否则会造成较大的经济损失。如果采用保守的氮气置换或灌水浸泡置换，再进行焊接堵漏，施工周期长，很难满足生产的需要，故选择带压（带气）焊接堵漏。考虑到穿孔泄漏位置位于管道底部，带气焊接堵漏时，点燃的火焰呈垂直向下喷射，特别是管内燃气压力大时，喷出的火焰很长，作业人员根本无法靠近操作，而且施工危险性较大。综合以上因素，决定采取降压带气焊接堵漏方法进行抢修。

5. 带气焊接堵漏施工方案

（1）施工前的准备工作

先对管道系统进行降压处理；划定安全作业区域，设置抢修警示标志和隔离线，在漏气点100m周边加派人员警戒；制订施工方案，经公司主管安全技术的领导审批；规定施焊作业时间，并将安全注意事项通知周边单位和住户；在漏点处开挖工作坑，工作坑尽可能挖大一些并以人能蹲下，便于操作为宜；用测厚仪检测缺陷管漏点周围壁厚；预制一块与缺陷管道母材材质、壁厚相一致且与管道贴合相宜的加强补丁板，并在加强补丁板凸面一侧焊一条小钢筋作为把手，便于操作。

（2）安全技术措施

在气、液相管道跨接处（跨接管阀门的液相一侧）安装一微压计，并使缺陷管道内保持约400Pa的燃气压力，使用点火器（棒）点燃漏点处的燃气。在漏点附近（约3m开外）安置一台防爆型排风扇，并向漏点处送风。使用燃气检测仪在漏点周围检测燃气泄漏浓度，并确认检测合格。施焊人员应穿戴防火服、防火手套和防火鞋，并佩戴自给式呼吸器。现场备齐焊接设备和工器具、燃气检测仪、消防灭火器材、救护器材、通信设备、抢险车辆等。指派3名安全监护人员进行现场监护。施焊前，堵漏施工负责人应对全体堵漏施焊作业人员进行安全技术交底，说明安全注意事项，妥善安排应急救援措施。施工现场除泄漏点允许动火外，禁止其他一切火种介入。

（3）施焊方法

施焊人员从上风向逼近漏点，使用角向磨光机清除漏点周围的污垢物，清除面要大于加强补丁板周边10mm。左手持加强补丁板贴合在漏点处，右手握焊钳迅速将加强补丁板点焊固定；施焊时，焊条偏向加强补丁板，以防止将管壁焊透穿孔；当焊完四周打底角焊缝时，火焰自然熄灭，这时应按焊接规范要求完成角焊缝中间层和罩面层。

焊接堵漏完成后，先微开跨接管上的阀门，使管内燃气气相压力上升至0.1MPa，进行试漏检查。若未发现泄漏，可让管内燃气气相压力继续上升，同时进行检查试漏，直至达到系统压力时，保压半小时无泄漏为合格。

（4）堵漏抢修组织

焊接堵漏抢修组织设总指挥、安全技术总监和施工负责人各 1 名，持压力容器焊接上岗证且经带气焊接作业技术培训合格的焊工 2 名、管工 2 名，并安排安全监护、救护、警戒及其他辅助人员若干名。

（5）消防安全器材

现场配备推车式灭火器 2 台，4~8kg 的手提式灭火器不少于 4 个，防火防毒面具、工作服多套，防爆照明灯不少于 2 盏，防爆对讲机不少于 3 台，消防水枪 2 只等。

（6）其他

施工前的准备工作、施焊堵漏过程的操作以及堵漏后检测试验结果，都应做好现场记录，包括文字和影像记录；管道堵漏试验合格后，及时做好管道防腐工作并及时回填土；回填之后，在堵漏点管道上方设特殊标记，以便在下一个周期停产检修时更新该管道。

第四节　燃气中毒预防与应急处理

一、燃气中毒的危害及其预防

（一）燃气中毒的危害

人工燃气成分中的有毒成分主要有硫化氢和一氧化碳等。一氧化碳是无色、无味气体，易与血液中血红蛋白结合形成碳氧血红蛋白，其对血红蛋白的亲和力远远大于氧对血红蛋白的亲和力，而碳氧血红蛋白解离速度很慢，相当于氧合血红蛋白解离速度的 1/3600 左右，这样会使人体内的血红蛋白失去与氧结合的能力。当吸入的一氧化碳与血红蛋白结合形成稳定的碳氧血红蛋白时，就会使血红蛋白丧失携氧能力，从而引起重要器官与组织缺氧，出现中枢神经系统、循环系统等中毒症状，引发中毒事故。

含硫天然气中毒主要是由于燃气中含有高浓度的硫化氢而引起。硫化氢是具有刺激性和窒息性的无色气体。低浓度接触仅有呼吸道及眼的局部刺激作用，高浓度时全身作用较明显，表现为中枢神经系统症状和窒息症状。硫化氢具有臭鸡蛋气味，但极高浓度很快就会引起嗅觉疲劳而不觉其味。当空气中硫化氢浓度达到 $20mg/m^3$ 时，就可引起暂时的轻度中毒，使人出现恶心、头晕、头痛、疲倦、胸部压迫感及眼、鼻、咽喉黏膜的刺激症状；硫化氢浓度达 $60mg/m^3$ 以上，即出现剧烈中毒症状，使人抽搐、昏迷甚至呼吸中枢麻痹而死亡。

不含硫燃气失控泄漏至室内，也可引起中毒。不含硫燃气含硫化氢量很少（$0 \sim 7.16mg/m^3$），本身毒性微不足道。但是，空气中可燃气体浓度含量增高到10%以上时，氧的含量就相对减少，使人出现虚弱、眩晕等脑缺氧症状；当空气中含氧量减少到只有12%时，会使人呼吸紧迫，面色发青，进而失去知觉，甚至死亡。

此外，在通风不畅的室内燃烧燃气也可发生中毒。例如，因关闭门窗，通宵点燃燃气炉取暖睡觉而导致中毒，甚至死亡，有的家庭在狭小的厕所内安装燃气热水器，由于缺乏足够的通风条件，在洗澡过程中发生中毒，甚至死亡，其中毒的原因是缺乏通风，因燃气燃烧而导致室内（厕所内）严重缺氧。此类缺氧的发生，一方面是由于燃气在室内燃烧耗氧而又得不到对流空气的补充；另一方面，燃气燃烧过程中产生大量的二氧化碳和水蒸气，使氧的相对含量减少，导致窒息。另外，在氧气不足的条件下，燃气燃烧不完全，产生一定量的一氧化碳，该气体也具有毒性，使人的机体缺氧加重，最终导致窒息。

（二）燃气中毒的临床表现及分类

急性燃气中毒可按其严重性而分为轻度、中度、重度及极重度中毒。

1. 轻度中毒

轻度中毒主要为眼及上呼吸道刺激症状。表现为眼内刺痛、畏光、流泪、异物感、流涕、鼻及咽喉灼热发痒、胸闷、头昏、乏力、恶心等。检查可见眼结膜充血，如迅速将中毒者移至空气新鲜处，即使不加任何治疗，上述症状也会逐渐消失。一般无并发症发生，不需住院治疗。

2. 中度中毒

除上述轻度中毒症状外，中度中毒者还出现中枢神经系统症状。表现为呛咳、胸闷、胸痛、视物模糊，有剧烈头痛、头晕、头部膨胀，头重脚轻之感，并很快意识模糊，陷入暂时性昏迷状态。检查可见中毒者面色灰白或发绀，鼻咽部黏膜充血，眼球结膜充血，肺部可出现干或湿啰音。呼吸浅快，脉搏快而细，心音低钝，起初血压可正常或偏高，但脉压差小，继而下降。

3. 重度中毒

重度中毒以中枢神经系统症状为主。表现为吸入燃气后不知不觉地倒地，呼吸困难、呕吐、抽搐和昏迷，最后可因呼吸麻痹而死亡。中毒者苏醒时极度烦躁，有时需 4~5 人才能将其强行按在床上。昏迷或抽搐时间较久者可能并发中毒性肺炎，肺水肿或脑水肿。检查可见血压下降，心音微弱，呼吸浅快，紫绀，肺部湿啰音。各种生理反射减弱或消失，并可能伴有颅脑外伤。

4. 极重型中毒

极重型中毒主要表现为短时间吸入燃气后，迅即猝死或长时间昏迷（大于 72 小时）。中毒者吸入燃气后，可在数秒钟内倒地，有的中毒者甚至仅吸入一两口燃气后即深度昏迷，突然呼吸、心跳停止，死亡率极高。检查可见深度昏迷，全身肌肉痉挛或强直，皮肤湿冷，紫绀。瞳孔散大或缩小，两侧可不等大，各种反射消失。呼吸暂停或不规则，满肺湿啰音，心音弱钝，血压明显下降，即使经抢救而幸存者，也可能在近期内（半年）遗留神经系统功能失常问题。

5. 急性燃气中毒并发症

急性燃气中毒并发症主要有急性燃气中毒并发中毒性脑病，急性燃气中毒并发肺炎，急性燃气中毒并发肺水肿，急性燃气中毒并发中毒性肾病，急性燃气中毒并发心肌损害、心包炎以及急性燃气中毒并发脑外伤等。

（三）燃气中毒的预防

1. 燃气中毒事故的预防

为了做好防中毒工作，保护工作人员的健康和生命安全，必须提高预防燃气中毒的认识，完善防中毒设备，加强职业安全与卫生的教育和训练，制订严格的防中毒制度和具体措施。

（1）教育和训练

为了使全体工作人员认识到预防燃气中毒的重要性，严格遵守防中毒制度，了解并会应用各种防中毒设备，必须对全体工作人员进行防中毒教育和训练。基本内容和要求如下：详细说明有毒气体的物理、化学特性及其各种浓度对人体的影响，从而使工作人员认识到生产过程中遇到有毒气体的严重性；了解风向和充分通风的重要性，正确应用风向标，熟悉紧急情况下作业人员的撤离路线；正确使用防毒面具，工作人员必须了解各种防毒设备的特点，会选择和使用各种型号防毒面具，尤其要懂得过滤式防毒面具的限制性，无论何时工作人员接近疑似危害人身健康或危及生命浓度的有毒气体井口、装置、罐区或管道，甚至在校核有毒气体浓度或抢救中毒者时，都应在开始接近前戴上防毒面具；要进行佩戴防毒面具的实际操作训练；会使用、保管和维修防护用的供氧设备（配套的供氧装置，急救氧气瓶，软管线等）、轻便袖珍硫化氢探测仪、易燃气体指示计、二氧化硫探测仪、复苏器、紧急警报系统等设备。

懂得如何救护中毒者，当有人中毒时应采取以下措施：救护者进入染毒区时，首先应佩戴好防毒面具，系上安全带和安全绳，安全绳的另一端由非毒区工作人员握住；迅速将中毒者转移至处于上风的非染毒区；如果中毒者呼吸停止，应立刻进行人工呼吸，一直到其恢复呼吸为止。在可能的条件下，最好尽快使用复苏器，同时给予呼吸中枢兴奋剂，中毒者开始呼吸时，要持续供给氧气。若事先未得到警报，突然逸出毒气时，全体人员应首先屏住呼吸，迅速佩戴防毒面具，到指定的临时地点待令行动，不能惊慌乱跑进入毒气易于积聚的低凹地区和下风地带。

（2）防护设备

在燃气施工作业现场，一旦有毒气体浓度超标，将威胁施工作业人员的安全，引起人员中毒甚至死亡，因此，预防中毒安全设备的配备尤其重要。气体检测仪和防护器具的功能是否正常关系到作业者的生命安全，作业者应了解其结构、原理、性能和使用方法及注意事项。例如便携式气体检测仪，这类检测仪是根据控制电位电解法原理设计的，具有声光报警、浓度显示和远距离探测的功能。腰带式电子检测器，具有体积小、质量轻、反应快、灵敏度高等优点。它有两个报警值，当有毒气体浓度达到第一个有毒气体浓度时将由液晶数字屏显示出来，在夜间可利用照明功能查看，强噪条件下可通过耳机监听声音报警。使用时应注意，超限时停用、防碰击、注意调校和检查电池电压。现场需 24 小时连续监测有毒气体浓度时，应采用固定式气体检测仪，这种检测仪主机一般多装于中心控制室。检测仪探头置于现场燃气易泄漏或聚集的区域，一旦探头接触有毒气体，它将通过连接线传到中心控制室，显示有毒气体浓度，并有声光报警。该检测器在使用中应随时校核，按说明书要求正确操作和维护保养。探头一般安装在离可能泄漏燃气地点处 1m 范围内，这样探头的实际反应速度比较快。否则，有可能出现探头处气体浓度不超标，而泄漏点处局部气体已经超标，主机却不能报警的现象。探头不要置放于能被化学物质污染、高湿度（如蒸气污染）的地方或者有烟雾的地方，主机一般安放到有人坚守的值班室内，不得随意拆动以免破坏防爆结构。每月校准一次零点，保护好防爆部件的隔爆面不得损伤，经常或定期清洗探头的防雨罩，用压缩空气机吹扫防虫网防止堵塞，在通电情况下严禁拆卸探头，在更换保险管时要关闭电源。

当环境空气中的有害气体浓度超标时，工作人员必须佩戴便携式正压式空气呼吸器。该空气呼吸器能给工作人员提供一个安全呼吸的环境，其有效供气时间应大于 30 分钟。下面以 C900 系列便携式正压空气呼吸器为例介绍呼吸器的应用。

C900 系列便携式正压空气呼吸器包括 5 个部分：储存压缩空气的气瓶、支承气瓶和减压阀的背托架、安装在背托架上的减压阀、面罩和安装于面罩上的供气阀。

面罩包括用来罩住脸部的面框组件和用来固定面框的头部束带等。面框组件包括面窗、面窗密封圈、口鼻罩和传声器组件，口鼻罩上有两个吸气阀，束带可调节面罩与脸部之间保持良好密封。使用时面框组件与脸部、额头贴合良好，既不会使佩戴者的脸部、额头感到压迫疼痛，又能使脸部的眼、鼻、口与周围环境大气有效地完全隔绝。面罩上的传声器能为佩戴者提供有效的通信。

使用前完全打开气瓶阀，检查压力表上的读数，其值应在 28～30MPa。再关闭气瓶阀，然后打开强制供气阀（按下供气阀上黄色按钮），缓慢释放管路气体同时观察压力表的变化，压力下降到（5±0.5）MPa 时，报警哨必须开始报警。

使用时气瓶背在身后，身体前倾、拉紧肩带、固定腰带、系牢胸带。打开气瓶阀至少一圈以上。将面罩上的脖带套在脖子上，面罩挎在胸前。一只手托住面罩将面罩口鼻罩与脸部完全贴合，另一只手将头带后拉罩住头部，不要让头发或其他物体压在面罩的密合框上，然后收紧头带。用手掌封住进气口吸气，如果感到无法呼吸且面罩充分贴合则说明面罩密封良好。将供气阀推进面罩供气口，听到"咔嗒"的声音，同时快速接口的两侧按键同时复位则表示已正确连接，此时即可正常呼吸。

在使用过程中，应随时观察压力表的指示数值，当压力下降到（5±0.5）MPa 时，报警器发出报警声响，佩戴者应及时撤离现场。

使用完后，按下供气阀快速接口两侧的按钮，使面罩与供气阀脱离。卸下面罩、打开腰带扣、松开肩带卸下呼吸器。关闭气瓶阀，打开强制供气阀放空管路空气。每次使用后，经消毒、清洗、检查、维修后空气呼吸器方可装入包箱内。

正压式空气呼吸器应存放在清洁、通风、干燥的阴凉处，并且应选择人员能迅速取用的安全位置。呼吸器应有专人保管，所有空气呼吸器应至少每月检查一次，以保证其正常的状态。月度检查记录（包括检查日期和发现的问题）应至少保留 12 个月。

检查应包括以下内容：打开气瓶阀，检查压力表上的读数是否为 28 ~ 30MPa，同时检查气瓶有无损坏、固定气瓶的瓶箍卡扣是否扣紧。打开气瓶阀，让管路系统充满气体，再关闭气瓶阀。然后打开强制供气阀（按下供气阀上黄色按钮），缓慢释放管路气体，同时观察压力表的变化，压力下降到（5 ± 0.5）MPa 时，报警哨是否报警。检查肩带、腰带是否处于自然状态并且与背托架连接是否牢固。检查供气阀，橡胶和塑料部件是否老化变形、黏合、被切割或其他不良情况，旋转接口（螺口）不能有任何损坏，供气阀和面罩连接是否良好。检查面罩、面窗密封圈的密封性；面窗有无划痕；口鼻罩是否处于良好状态；脖带、头带是否处于自然状态并且与面罩连接是否良好。打开气瓶阀，关闭，观察压力表，在 1 分钟内压力下降值不大于 2MPa，表明气密性良好。

我们呼吸的空气是多种气体的混合物，有时它受到外界物质的污染，因此必须进行空气净化。正压式空气呼吸器空气的质量应满足下述要求：氧气含量 19.5% ~ 23.5%；空气中凝析烃的含量小于或等于 5×10^{-6}（体积分数）；一氧化碳的含量小于或等于 12.5mg/m³（10ppm）；二氧化碳的含量小于或等于 1960mg/m³（1000ppm）；没有明显的异味。

（3）防毒制度和措施

①防毒面具使用制度。在进入或接近含危险气体的场所时，必须事先佩戴防毒面具。佩戴防毒面具时，首先要检查设备有无损坏或故障，面部是否与面罩贴合。每次使用前后都应进行严格检查和试验。不允许工作人员戴镜框伸出密封边缘以外的眼镜；确保整个面部在面具内；工作人员不能留有可能影响面具密封的胡子或大鬓角。佩戴防毒面具在染毒区工作者，一旦怀疑防毒面具出现损坏，必须立即进入安全区，待面具检修完后再返回染毒区工作。经测试环境中氧气含量不足以维持生命时，必须使用能保证供氧的氧气呼吸器或空气呼吸器，不能用钻机或修井机的压缩空气作为呼吸气。有明显的呼吸道疾病和鼓

膜穿孔者，不宜使用防毒面具。

②防毒面具的检查和保养制度。防毒面具每月定期检查一次，以保证处于完好状态。要保存检查记录，不能使用的要加上"不能使用"的标记，从备用库中移出。防毒面具必须有专人负责保管。每次使用防毒面具后，应进行清洗、消毒。应保证每个工作人员都有一套完好、备用的防毒面具。

2. 燃气应用（主要指民用）中的防中毒措施

民用的和多数工业用的燃气和普通居民关系密切。当其大量泄漏于缺乏通风条件的室内时，可导致窒息性中毒。另外，在缺乏通风条件的室内燃烧燃气，也可引起中毒。这两种情况下的中毒多发生于人员夜间入睡之后。其防中毒措施如下。

经常检查燃气阀门和管线接头处是否失控、松动，发现故障后，及时修理或更换。每天入睡前必须检查室内燃气阀门是否关闭、关严，防止无意中打开阀门而漏气中毒。一般点燃的燃气燃具，忘关气阀门者较少，常见而危险的是燃气炉因其他原因熄灭之后，使用者误认为已关上燃气阀门，如开水溢出将火淋熄；气炉小火稍遇风吹，产生脱火而熄灭；供气单位突然断气而火灭（事先未得到停气通知）等。因此在一切使用燃气的室内，要保持良好的通风状态，以排出可能泄漏的气体。禁止关着门窗通宵燃烧燃气炉取暖睡觉。不可在缺乏通风条件的厕所内使用燃气热水器（平衡式燃气热水器除外），以防止在洗澡过程中发生缺氧窒息中毒。安全的办法是将热水器安装在厕所或洗澡间外面通风处。供气单位必须"先通知、后停气"，防止"忽停忽送"，特别要严防夜间突然送气，导致忘关气阀门的用户发生中毒事故。

二、燃气泄漏应急处理

燃气泄漏事故应急处理的基础是应急预案的制订与演练，如果没有充分的应急措施与准备，发生事故时必将手忙脚乱，不知所措。因此，制订一套有效的应急处理措施，不仅能够使行动达到预期目的，而且可以避免和减少工作人员的自身伤害，将损失降到最低。

（一）可控制泄漏的应急处理

迅速找到并切断、封堵有毒气源、火源等危险源，防止蔓延、扩散。如一时不能切断气源，则不允许熄灭正在燃烧的泄漏燃气。遇到容器或者管道时，应喷水降温、冷却，降低容器、管道内的压力和温度。将泄漏区人员迅速撤离至上风处，并立即进行隔离。应根据泄漏现场的实际情况确定隔离区域的范围，严格限制出入。通常情况下，少量泄漏时隔离150米，大量泄漏时隔离300米。消除所有点火源，谨慎动用电气装置、电气线路，严禁使用易产生火花的电气设备和工具。应急处理人员佩戴自给正压式呼吸器，穿防静电工作服，从上风处进入现场，确保自身安全时才能进行切断泄漏源或堵漏操作。采取合理的局部排风和全面通风措施，加速燃气的排散，控制和降低空气中燃气浓度和含量。喷雾状水有稀释、溶解作用，禁止用水直接冲击泄漏物或泄漏源。如果安全，可考虑引燃泄漏物以减少有毒燃气扩散。

（二）不可控泄漏的应急处理

发现不可控燃气泄漏应立即实施应急救援措施。当大量燃气泄漏时，迅速报告，立即进入戒备状态。人员要佩戴好便携式燃气检测仪和正压呼吸器，对生产和装置采取紧急措施。值班人员紧急撤向安全区域并清点人数，查清是否有人滞留在危险区；通知周围人员撤离，附近道路实行交通管制，现场和附近设置警示标志。向上级汇报情况，按上级指令统一行动。

三、燃气中毒应急处理

（一）硫化氢中毒应急处理

当有人发生硫化氢中毒时，救援者应佩戴专业防护面具实施救援，禁止不具备条件的盲目施救，避免出现更多的伤亡。迅速拨打119、110、120等电话求援，寻求专业救援。

救援人员必须做好自我保护和呼应互救，穿戴全身防火、防毒的服装，佩戴过滤式防毒面具或氧气呼吸器，佩戴化学安全防护眼镜，佩戴化学防护手套等，确保自身和现场的安全。

中毒者不要盲目奔跑，大声呼叫，防止毒气吸入，要借用敲打声响，挥动光、色等物达到求救的目的。

救援人员迅速将中毒者移离现场，脱去污染衣物，对呼吸、心跳停止者，立即进行胸外心脏按压及人工呼吸（忌用口对口人工呼吸，万不得已时与病人间隔数层水湿的纱布人工呼吸）。

中毒者应尽早吸氧，有条件的及早用高压氧治疗。昏迷者宜立即送高压氧舱治疗。

硫化氢中毒时，有的人可能出现眼部受损症状。虽然眼部受损不及中毒本身对中毒者生命威胁大，但如果处理不当或延时过久，也可能造成严重后果。具体处理方法如下：脱离染毒区后，立即对眼部进行彻底清洗，可就近取自来水，有条件用生理盐水则更好。将面部浸入水盆中，反复眨眼，加快刺激性物质的清除。

待病人生命体征平稳后，再送入医院进行治疗。必须强调就地现场抢救的重要性，切忌盲目转送或过多地搬运病人，以防贻误抢救时机，增加死亡人数或使中毒情况恶化。

（二）非含硫燃气中毒事故应急处理

非含硫燃气中毒一般是窒息或燃气燃烧不完全产生一氧化碳所致，因此事故发生后可按以下步骤处理：首先救援人员穿戴好防毒服装，打开门窗通风，或将中毒人员移至通风良好处，解开上衣衣扣，保持呼吸道通畅。对于中毒者，除维持呼吸功能外，及时给予吸氧。有呼吸停止者应立即抢救，进行人工呼吸。有心脏骤停者，应立即进行胸外按压。

（三）燃气中毒现场急救方法

1. 人工呼吸方法

人工呼吸有多种方法，如口对口（鼻）呼吸法、俯卧压背法、仰卧压胸法和举臂压胸法，其中以口对口人工呼吸最为有效。它的优点是换气量大，比其他人工呼吸法多几倍，简单易学，便于和胸外心脏按压配合，不易疲劳，无禁忌。

（1）口对口呼吸法

跪或蹲在中毒者一侧，一手托脖，一手捏紧鼻孔，深吸一口气再对中毒者的口吹气，然后松口，靠中毒者胸腔回缩呼气，再吸气，再吹气，反复进行。吹气用 2s，中毒者呼气用 3s，一般采用抢救者的自然呼吸速度即可。

口对口人工呼吸注意事项：

①观察中毒者胸腹部，若随着吹气扩张，松气后回缩，则证明有效，否则，可能是由于吹气时没捏住鼻孔或口没盖严漏气。

②吹气量以感到中毒者抵拒力时停止为适度。如果吹气量过大、吹气过猛或患者肺部已经胀满还用力吹，空气会进入胃，可能打嗝或听见咕噜响声，心口窝、肚脐部、左肋缘下鼓胀起来；松口时胃内容物可能逆流出来。这时应将中毒者脸转向侧面，将口腔擦拭干净，以免异物进入气管。用两个手指轻压喉结，通过有弹性的气管将食道压瘪，有利于预防空气进入胃内。

③吹气顺利，表明呼吸道畅通。如果吹不进气，表明呼吸道被异物堵住，可从背后搂住中毒者胸部或腹部，两臂用力收缩，用压出的气流将气管中异物冲出，使中毒者头朝下效果更好。

④若中毒者口不能张开，抢救者口小盖不严漏气，中毒者口有外伤等，无法进行口对口吹气时，可用手托住中毒者下巴，使之嘴唇紧闭，对鼻子吹气。

⑤当中毒者有微弱呼吸时，吹气应在中毒者自行吸气开始时进行。

⑥对意识丧失或停止呼吸者，应立即口对口吹气 4 次，同时（或吹气 4 次后）摸颈动脉，如无搏动，应立即进行胸外心脏按压。摸颈动脉宜用食指和中

指紧贴喉结处气管向下平压，用手指腹部平稳而大面积地挤压以查找颈动脉，手指不可竖起。摸颈动脉宜在脖子中下段，不要靠近下颌角，因颈总动脉在下颌角内侧，颈内动脉起始膨大处有颈动脉窦，按压此处有可能发生危险。

⑦应通知医生到现场急救，可根据呼吸衰竭、循环衰竭情况进行药物急救或针灸相关穴位。中毒者苏醒后，应用输氧或其他人工呼吸方法进行抢救。

（2）其他人工呼吸法

①采用苏生器法。利用苏生器中的自动肺，自动地交替将氧气输入中毒者肺内，然后将肺内的二氧化碳气体抽出，适用于呼吸麻痹、窒息和呼吸功能丧失、半丧失人员的急救。

②俯卧压背法。此法对有心跳而没有呼吸，不需要同时做人工心跳的中毒者，是一种较好的人工呼吸法。中毒者取俯卧位，头偏向一侧，舌头凭借重力略向外坠，不至于堵塞呼吸道，使空气能较畅通地出入，中毒者一臂枕于头下，一臂向外伸开，使胸部舒展，救护者面向中毒者头侧，两腿屈膝跪在中毒者大腿两旁。救护者俯身向前，用力向下并稍向前推压，当救护者的肩膀向下移动到与中毒者肩膀成一垂直面时，就不再用力。救护者向下向前推压过程中，将中毒者肺内的空气压出，造成呼气；然后救护者双手放松（但手不必离开背部），身体随之向后回到原来位置，这时外部空气进入中毒者肺内，造成吸气。如此反复有节律地一压一松，每分钟16～18次。

③仰卧压胸法。由于中毒者为仰卧，舌头随重力后坠容易堵塞呼吸道，因此一定要把舌头拉出固定住，如能托起下颌，则效果更好。中毒者取仰卧位，救护者面向中毒者头侧，屈膝跪在大腿两旁，两手分别放在中毒者的乳房处，然后俯身下压，两手向下向前做推压动作。当救护者与中毒者的肩膀接近同一垂直面时，推压停止，完成呼气动作。然后救护者双手放松，身体回到原来位置，形成吸气。如此反复有节律地一压一松，每分钟16～18次。

注意用力要适度，以免过大、过猛造成骨折，孕妇和胸部、背部有严重创伤者不宜采用此法。

2. 胸外心脏按压

胸外心脏按压需要先确定按压点，在胸骨下部 1/3 处，即为心口窝上方尖状软骨上二指横处，也就是心脏的部位。然后两手扣住用掌跟向下按压，压下 3～4cm 即可放松，反复进行，每秒 1 次。

应配合人工呼吸连续按压，直到中毒者复苏。复苏的征兆有：恢复呼吸、瞳孔回缩、手脚晃动、瞬目反射、咽唾液、面红、肌张力恢复等。如果出现上述征兆，但仍无脉搏，表明发生心室纤维性颤动，必须继续进行胸外心脏按压。

配合人工呼吸法的做法是：一人抢救时，先吹气 2 次，再按压 15 次。两人一起抢救时，每按压 5 次吹气 1 次；吹气时不可按压。

胸外心脏按压注意事项：

（1）只能按压胸骨下部（这里弹性大），不要按压胸骨上部或下部肋骨以免造成骨折，也不要按压腹部以免伤害内脏。

（2）按压时双臂伸直，双手相互重叠，借助身体前倾重力用掌跟适度用力向下按压，使胸骨下端与其连接的肋软骨下陷 2～3cm。按压速度应根据脉搏而定，一般成人每分钟 60～65 次，儿童每分钟 70～75 次。

（3）为增强抢救效果，可将中毒者双腿抬高，以利于下肢静脉血液流回心脏。

（4）抢救应坚持到中毒者复苏，或经医生诊断可以停止。

第三章

可燃混合气体爆炸的防范对策

可燃混合气体爆炸后产生的影响，因爆炸的形态和爆炸所处的环境条件不同而不同。不同的环境条件导致爆炸所放出的能量也不相同。爆炸时伴随而来的冲击波、噪声、火灾等现象，都会造成物体的破坏、碎片飞散及烧灼等有害影响。

第一节　可燃混合气体的爆炸效应

一、可燃混合气体的爆炸特征

（一）可燃混合物的爆燃

当爆炸中混合气体运动速度低于声速时，可以近似地计算出能够产生的最大压力和释放的破坏性能量。

爆炸是个效率很低的过程，其有效能量所占比例因爆炸条件的不同而异。对锥顶罐、扁形球罐和圆形球罐三种不同情况，其可能产生的最大压力和释放的破坏性能量如图 3－1－1 所示。图中（a）、（b）、（c）各罐容量均为 2831.7m³，（a）罐压力为 69kPa，（b）罐压力为 69kPa，（c）罐压力为 310kPa。

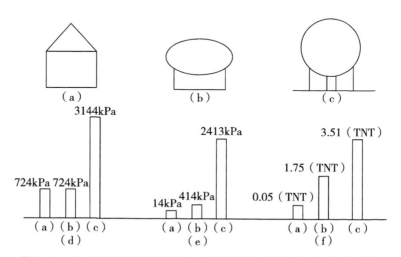

图 3－1－1　不同形状储罐可能产生的最大压力和释放的破坏性能量

（a）锥顶罐；（b）扁形球罐；（c）圆形球罐；（d）最大可能压力；（e）容器破坏压力；（f）所放出的破坏性能量

从图 3 - 1 - 1 可以看出，有较高初压的设备，爆炸时可能产生较高的最大压力。较坚固的容器破坏时需要较高的破坏压力，也就是说放出的破坏性能量较大，在爆炸所放出的能量中，用于破坏性的能量所占比例较大。像锥顶罐那样容易被破坏的容器，在达到最大压力之前很长时间就已破裂。在这种情况下，爆炸过程对于产生破坏性的能量方面基本无效。当罐内产生爆炸时，罐顶将很容易被掀起从而保护罐壁。

（二）可燃混合气体的爆轰

对于爆燃，有可能对其最大破坏性进行计算，结果可达到相当程度的准确性。对于爆轰，可以通过假设化学和物理两方面的平衡条件来进行。但是，当发生爆轰时，燃烧过程非常迅速，没有时间使系统达到混合和压力的均等，因此，实际情况与假设平衡状态相差很大。爆轰性爆炸的破坏性有以下几点特征：

（1）它产生一个压力的最大值，这个压力几乎等于爆燃在同一初始条件下产生的最大压力的 20 倍；

（2）爆轰峰面以超声速传播，使得绝大部分泄压设备无效；

（3）爆轰所产生的作用不是静压力而是直接的冲击，它往往具有较大的破坏性；

（4）爆轰冲击波的传递具有方向性，在一个容器内不同部位所受的冲击力有很大差别。

对事故的调查表明，在受到内部爆轰作用的封闭系统中，各种位置上的压力可以计算出近似值，但在爆轰性爆炸情况下，问题则非常复杂。在发生爆燃时，测量到的峰压值范围是 3 ~ 10 倍的初始压力。在爆轰性爆炸时，一般为初始压力的 20 多倍，最高可达到初始压力的 100 倍。爆轰性爆炸在与固体表面撞击时如发生反射，则在此瞬间，爆轰波峰面压力将提升为撞击前的 2 倍甚至更高。

一般认为，气体的爆轰仅限于能够迅速燃烧的混合物，如饱和烃与空气在高度扰动下可以产生爆轰；几乎所有的可燃气体烃类与空气的混合物都能够产生爆轰；可燃性烃的雾滴在空气中也能够产生爆轰。

二、可燃混合气体的爆炸效应

可燃混合气体的爆炸效应，宏观的表现是它爆炸后对周围物体的直接破坏的影响，而其影响的大小，取决于爆炸后产生的冲击波压力的大小。爆炸物在爆炸时形成高温、高压的产物，能对周围介质产生强烈的冲击和压缩作用，使与其接触或接近的物体产生运动、变形、破坏与飞散等有害效应。显然，与爆炸中心的距离不同，爆炸的能量不同，爆炸产生的影响也不同。

1. 介质为压缩气体时的计算

当压力容器内介质为压缩气体时，发生物理性爆炸的破坏力，相当于该气体绝热膨胀时所做的功，可按下式进行计算：

$$F = \frac{pV}{k-1}\Big[1 - \Big(\frac{9.8 \times 10^4}{p}\Big)^{\frac{k-1}{k}} \Big]$$

式中 F——气体爆炸的破坏力，J；

p——气体的压力（绝压），Pa；

V——容器的容积，m^3；

k——气体的绝热指数。

2. 介质全部为液体时的计算

通常用液体加压时所做的功作为常温液体压力容器爆炸时释放的能量，计算公式如下：

$$W = (p-1)^2 V \beta_t / 2$$

式中 W——常温液体压力容器爆炸时释放的能量，J；

p——液体压力（绝压），Pa；

V——容器容积，m^3；

β_t——液体在压力 p 和温度 t 下的压缩系数，Pa^{-1}。

3. 高温饱和蒸汽的爆炸

压力容器中介质除含有气体，还含有高温饱和水时，发生物理爆炸时的破坏力，相当于气体膨胀做的功（W_1）与高温饱和水的膨胀功（W_2）之和。高温饱和水绝热膨胀时所做的功按下式计算：

$$W_2 = \left[(H - 418) - (S - 1.3039) \times 373 \right] m_w$$

式中 W_2——高温饱和水绝热膨胀时所做的功，kJ；

H——在容器内压力下的高温饱和水的焓，kJ/kg；

S——在容器内压力下的高温饱和水的熵，kJ/（kg·K）；

m_w——容器内高温饱和水的质量，kg。

第二节　可燃混合气体爆炸的破坏作用

爆炸常伴随发热、发光、压力升高、真空及电离等现象，具有很大的破坏作用。它与爆炸物的数量、性质、爆炸时的条件以及爆炸位置等因素有关，主要的破坏力形式有震荡作用、冲击波、碎片冲击、造成火灾等几种。

一、震荡作用

在爆炸破坏作用范围内，有一个能使物体震荡、使之松散的力量。

二、冲击波

冲击波是由压缩波叠加形成的，是波阵面以突跃形式在介质中传播的压缩波。它在传播中使介质状态发生突跃变化，其传播速度大于扰动介质的声速，速度大小取决于波的强度。爆炸冲击波最初出现正压力，随后又出现负压力。爆炸物的量与冲击波成正比，而冲击波压力与距离成反比。

在离爆炸中心一定距离的地方，空气压力随时间发生迅速而悬殊的变化。

压力突然升高然后降低，反复循环数次渐次衰减下去。开始产生最大正压力即为冲击波波阵面上的超压。多数情况下，冲击波的破坏作用是由超压引起的，其可以达到数个至数十个大气压，其破坏作用见表 3 - 2 - 1。

表 3 - 2 - 1　　　　　　　　　冲击波压力与破坏效应

冲击波压力/kgf·cm^{-2}	冲击波的破坏效应
0.002	某些大的椭圆形玻璃窗破裂
0.003	产生喷气式飞机的冲击音
0.007	某些小的椭圆形玻璃窗破裂
0.010	玻璃窗全部破裂
0.020	有冲击碎片飞出
0.030	民用住房轻微损坏
0.050	窗户外框损坏
0.060	屋基受到损坏
0.080	树木折枝、房屋需修理才能居住
0.100	承重墙破坏、屋基向上错动
0.150	屋基破坏、30%的树木倾倒、动物耳膜破坏
0.200	90%的树木倾倒、钢筋混凝土柱扭曲
0.300	油罐开裂、钢柱倒塌、木柱折断
0.500	货车倾覆、墙大裂缝，屋瓦掉落
0.700	砖墙全部破坏
1.000	油罐压坏、房屋倒塌
2.000	大型钢架结构破坏

冲击波波阵面上的超压与产生冲击波的能量有关。在其他条件相同的情况下，气体爆炸能量越大，冲击波强度越大，波阵面上的超压也越大。爆炸气体产生的冲击波是立体冲击波，它以爆炸点为中心，以球面向外扩展传播，随半

径增大，波阵表面积增大，超压逐渐减弱。冲击波压力除了对建筑物造成破坏还会直接对超压波及范围内的人身安全造成威胁。如冲击波超压大于 0.1MPa 时，大部分人员会死亡；0.05~0.1MPa 的超压可以使人体的内脏严重损伤或死亡；0.04~0.05MPa 的超压会损伤人的听觉器官或造成骨折；超压在 0.02~0.03MPa 时也可以使人体轻微损伤；只有当超压小于 0.02MPa 时，人员才是安全的。

三、碎片冲击

压力容器破裂时，气体高速喷出的反作用力可以把整个容器壳体向爆裂的反方向推出，有些壳体可能破裂成大小不等的碎块或碎片向四周飞散。其他爆炸情况出现时，周围物体在爆炸力的作用下，同样会被破坏并飞散出去。这些具有较高速度和较大质量的碎片，在飞出的过程中具有很大的动能，因而造成的危害是很大的。碎片对人体或物体的伤害程度主要取决于它的动能。据研究，碎片击中人体时，如果它的动能在 26N·m 以上，便可致外伤；动能达到60N·m 以上时，可导致骨骼轻伤；超过 200N·m 时，可造成骨骼重伤。碎片所具有的动能可以计算，它与碎片的质量和速度有关。

四、造成火灾

爆炸气体扩散通常在爆炸瞬间完成，对一般可燃物来说，不至于造成火灾，且冲击波尚有灭火作用，但爆炸的余热或残余火种会点燃破损设备内不断散逸出的可燃气体或易燃、可燃液体蒸气而造成火灾。如液化气储罐一旦破裂，在容器外将发生二次爆炸，将容器内全部液化气烧掉。爆炸产生的热量使燃烧产物（水蒸气、二氧化碳）及空气中的氮气升温膨胀，形成体积巨大的高温气团，使周围形成一片燃烧区。

第三节 可燃混合气体爆炸的防范措施

一、火灾爆炸的成因及预防

(一) 火灾发生的条件

从前面的知识我们已经知道，燃烧是有条件的，它必须是可燃物、助燃物和点火源这三个基本条件同时存在并且相互作用才能发生。

1. 燃烧的条件

(1) 可燃物

物质被分成可燃物、难燃物和不可燃物三类。一般来说，可燃物是指在火源作用下能被点燃，并且移去火源后能继续燃烧，直到燃尽的物质，如汽油、木材、纸张等。难燃物是指在火源作用下能被点燃，当火源移去后不能继续燃烧的物质，如聚氯乙烯等。不可燃物是指在正常情况下不会被点燃的物质，如钢筋、水泥、砖、石等。可燃物是防爆与防火的主要研究对象。可燃物的种类繁多，按其组成可分为无机可燃物和有机可燃物两大类。其中，绝大部分可燃物是有机物，小部分是无机物。按常温状态来分，可燃物又可分为气态、液态和固态三类，一般是气体较易燃烧，其次是液体，再次是固体。不同状态的同一种物质燃烧能力是不同的，同一状态而组成不同的物质燃烧能力也是不同的。

在一定条件下，可燃物只有达到一定的含量，燃烧才会发生。例如在同样温度（20℃）下，用明火瞬间接触汽油和煤油时，汽油会立刻燃烧而煤油则不会燃烧。这是因为汽油已经达到了燃烧所需的浓度量，而煤油没有达到燃烧所需的浓度量。

（2）助燃物

人们常常把助燃物称为氧化剂。氧化剂的种类很多，氧气是一种最常见的氧化剂，它存在于空气中，所以一般可燃物在空气中均能燃烧。此外，一些物质的分子中含氧较多，当受到光、热或摩擦、撞击等作用时，能够发生分解放出氧气，使可燃物氧化燃烧，如氯、氟、溴、碘以及硝酸盐、氯酸盐、高锰酸盐、过氧化氢（双氧水）等，都是氧化剂。

要使可燃物燃烧，或使可燃物不间断地燃烧，必须供给足够的空气（氧气），否则燃烧不能持续进行。实验证明，氧气在空气中的浓度降低到 14% ~ 18% 时，一般的可燃物就不会燃烧了。

（3）点火源

点火源是指具有一定能量，能够引起可燃物燃烧的能源，有时也称着火源或火源。点火源这一燃烧条件的实质是提供一个初始能量，在这一能量的激发下，使可燃物与氧气发生剧烈的氧化反应，引起燃烧。

可燃物、助燃物和点火源是构成燃烧的三个要素，缺一不可。但仅仅有这三个条件还不够，还要有"量"方面的条件，如可燃物的数量不够、助燃物不足或点火源的能量不够大，燃烧也不能发生。要使可燃物发生燃烧，点火源必须具有能引起可燃物燃烧的最小着火能量。

对不同的可燃物来说，这个最小着火能量也不同。如一根火柴可点燃一张纸而不能点燃一块木头，又如电气焊火花可以将达到一定浓度的可燃气与空气的混合气体引燃爆炸，却不能将木块、煤块引燃。

总之，要使可燃物发生燃烧，不仅要同时具有三个基本条件，而且每一个条件都必须具有一定的"量"，并彼此相互作用，缺少其中任何一个，燃烧便不会发生。火灾发生的条件实质上就是燃烧的条件，一切防火与灭火的基本原理就是防止燃烧的三要素同时存在。

2. 火灾发展的阶段

通过对大量火灾事故的研究分析得出，一般火灾事故的发展过程可分为 4

个阶段，即初期阶段、发展阶段、猛烈阶段和衰灭阶段。

（1）初期阶段

初期阶段是指物质在起火后的十几秒里，可燃物质在着火源的作用下析出或分解出可燃气体，发生冒烟、阴燃等火灾苗头，燃烧面积不大，用较少的人力和应急的灭火器材就能将火控制住或扑灭。

（2）发展阶段

在这个阶段，火苗蹿起，燃烧面积扩大，燃烧速度加快，需要投入较多的人力和灭火器材才能将火扑灭。

（3）猛烈阶段

在这个阶段，火焰包围所有可燃物质，使燃烧面积达到最大限度。此时，温度急剧上升，气流加剧，并放出强大的辐射热，是火灾最难扑救的阶段。

（4）衰灭阶段

在这个阶段，可燃物逐渐烧完或灭火措施奏效，火势逐渐衰落，最终熄灭。

从火势发展的过程来看，初期阶段易于控制和消灭，所以要尽量抓住这个有利时机，扑灭初期火灾。如果错过了初期阶段再去扑救，就会付出很大的代价，造成严重的损失和危害。

（二）火灾与爆炸事故

1. 火灾及其分类

凡是在时间或空间上失去控制的燃烧所造成的灾害，都叫火灾。

（1）国家标准对火灾的分类

在国家技术标准《火灾分类》（GB/T 4968 - 2008）中，根据可燃物的类型和燃烧特性将火灾分为六类：

①A类火灾。指固体物质火灾，这种物质通常具有有机物性质，一般在燃烧时能产生灼热的余烬。

②B类火灾。指液体或可熔化的固体物质火灾。

③C 类火灾。指气体火灾。

④D 类火灾。指金属火灾。

⑤E 类火灾。指带电火灾，物体带电燃烧的火灾。

⑥F 类火灾。指烹饪器具内的烹饪物（如动物油脂）火灾。

（2）按一次火灾事故损失划分火灾等级

按一次火灾事故损失的严重程度，将火灾等级划分为四类。

①特别重大火灾：指造成 30 人以上死亡，或者 100 人以上重伤，或者 1 亿元以上直接财产损失的火灾。

②重大火灾：指造成 10 人以上 30 人以下死亡，或者 50 人以上 100 人以下重伤，或者 5000 万元以上 1 亿元以下直接财产损失的火灾。

③较大火灾：指造成 3 人以上 10 人以下死亡，或者 10 人以上 50 人以下重伤，或者 1000 万元以上 5000 万元以下直接财产损失的火灾。

④一般火灾：指造成 3 人以下死亡，或者 10 人以下重伤，或者 1000 万元以下直接财产损失的火灾。

2. 爆炸事故及其特点

（1）常见爆炸事故类型

①气体分解爆炸；

②粉尘爆炸；

③危险性混合物的爆炸；

④蒸汽爆炸；

⑤雾滴爆炸；

⑥爆炸性化合物的爆炸。

（2）爆炸事故的特点

①严重性。爆炸事故的破坏性大，往往是摧毁性的，造成惨重损失。

②突发性。爆炸往往在瞬间发生，难以预料。

③复杂性。爆炸事故发生的原因、灾害范围及后果各异，相差悬殊。

3. 冲击波的破坏能量计算

爆炸事故的破坏作用有冲击波破坏和灼烧破坏，由于爆炸而飞散的固体碎片容易砸伤人员或损坏物体，爆炸还可能形成地震波的破坏等。其中冲击波的破坏最为主要，作用也最大。

以丙烷（C_3H_8）为例，喷泻出的液化石油气质量为 Wkg，可以近似地用下式计算燃烧后的高温混合气体，以半球状向外扩散的半径 R 为：

$$R = 3.9 W^{\frac{1}{3}}$$

根据式上计算 50kg 装液化石油气钢瓶爆炸燃烧时，其燃烧范围至少可达 28m 的半球区。

利用经验公式来估算爆炸产生的冲击波能量，按下式估算：

$$U = \left(\frac{R}{C_0}\right)^3$$

式中 U——爆炸时产生冲击波能量的 TNT 当量，kg；

R——破坏物与爆炸中心的距离，m；

C_0——计算产生冲击波能量的系数。

若距爆炸中心 50m 的房屋玻璃完全破损，查有关资料得系数 C_0 值为 8.0，根据式 $U = \left(\frac{R}{C_0}\right)^3$，计算产生的冲击波能量可相当于 244kgTNT。由此可见，爆炸一旦产生，其危害性相当巨大。由于引起爆炸起火的点火能只有 0.1～0.3mJ，加之液化石油气爆炸下限相比其他燃气偏低，因此，解决好这类问题十分不易。

4. 火灾与爆炸事故的关系

一般情况下，火灾起火后火势逐渐蔓延，随着时间的增加，损失急剧增加。对于火灾来说，初期的救火尚有意义，而爆炸则是突发性的，在大多数情况下，爆炸过程在瞬间完成，人员伤亡及物质损失也在瞬间造成。火灾可能引发爆炸，因为火灾中的明火及高温能引起易燃物爆炸。如液化石油气储罐泄漏遇明火发生火灾，如不能及时扑灭，将导致储罐被急剧加热，引发液化石油气储罐爆炸；一些在常温下不会爆炸的物质，如乙酸，在火场的高温下有变成爆炸物的可能。爆炸也可以引发火灾，爆炸抛出的易燃物可能引起大面积火灾，如密封的燃料油罐爆炸后由于油品的外泄引起火灾。因此，发生火灾时，要防止火灾转化为爆炸；发生爆炸时，要考虑到爆炸引发火灾的可能性，及时采取防范抢救措施。

（三）预防火灾与爆炸事故的基本措施

预防事故发生，限制灾害范围，消灭火灾，撤至安全地点是防火防爆的基本原则。根据火灾、爆炸的原因，一般可以从两方面加以预防。

1. 火源的控制与消除

引起火灾的着火源一般有明火、冲击与摩擦、热射线、高温表面、电气火花及静电火花等，严格控制这类火源的使用范围，对于防火防爆是十分必要的。

（1）明火

明火主要是指生产过程中的加热用火、维修焊割用火及其他火源。明火是引起火灾与爆炸最常见的原因，一般从以下几方面加以控制。

①加热用火的控制。加热易燃物料时，要尽量避免采用明火而采用蒸汽或其他载热体加热。明火加热设备的布置，应远离可能泄漏易燃液体或蒸汽的工艺设备和储罐区，并应布置在其上风向或侧风向。如果存在多个明火设备，应将其集中布置在装置的边缘，并有一定的安全距离。

②维修焊割用火的控制。焊接切割时，飞散的火花及金属熔融温度高达2000℃左右，高空作业时飞散距离可达20m。此类用火除停工、检修外，还往往被用于生产过程中临时堵漏，所以这类作业多为临时性的，容易成为起火原因，使用时必须注意。在输送、盛装易燃物料的设备与管道上，或在可燃可爆区域应将系统和环境进行彻底的清洗或清理；动火现场应配备必要的消防器材，并将可燃物品清理干净；气焊作业时，应将乙炔发生器放置于安全地点，以防止爆炸伤人或将易燃物引燃；电焊线破损应及时更换或修理，不得利用与

易燃易爆生产设备有关的金属构件作为电焊地线，以防止在电路接触不良的地方产生高温或电火花。

③其他明火的控制。用明火熬炼沥青、石蜡等固体可燃物时，应选择在安全地点进行；禁止在有火灾爆炸危险的场所吸烟；为防止汽车、拖拉机等机动车排气管喷火，可在排气管上安装防火帽；严禁电瓶车进入可燃、可爆区。

（2）冲击与摩擦产生火花的控制

机器中轴承等转动的摩擦、铁器的相互撞击或铁制工具打击混凝土地面等都可能发生火花。因此，对轴承要保持良好的润滑；危险场所要用铜制工具替代铁器；在搬运装有可燃气体或易燃液体的金属容器时，不要抛掷，要防止互相撞击，以免产生火花；在易燃易爆车间，地面要采用撞击时不会产生火花的材质铺成，不准穿带钉子的鞋进入车间。

（3）热射线起火的控制

红外线有促进化学反应的作用。肉眼虽然看不到红外线，但长时间局部加热也会使可燃物起火。直射阳光通过凸透镜、圆形烧瓶会发生聚焦作用，其焦点可成为火源。所以遇阳光暴晒有火灾爆炸危险的物品时，应采取避光措施，为避免热辐射，可采用喷水降温、将门窗玻璃涂上白漆或采用磨砂玻璃等措施。

（4）高温表面起火的控制

高温表面要防止易燃物质与高温的设备、管道表面接触。高温物体表面要有隔热保温措施，可燃物料的排放口应远离高温表面，禁止在高温表面烘烤衣物，还要注意经常清洗高温表面的油污，以防止它们分解自燃。

（5）电器火花的控制

电器火花分高压电的火花放电、短时间的弧光放电和接点上的微弱火花。电火花引起的火灾爆炸事故发生率很高，所以对电器设备及其配件，要认真选择防爆类型并仔细安装，特别注意对电动机、电缆、电缆沟、电器照明、电器线路的使用、维护及检修。

（6）静电火花的控制

在一定条件下，两种不同物质相互接触、摩擦就可能产生静电，比如生产中的挤压、切割、搅拌、流动以及生活中的起立、脱衣服等都会产生静电。静电能量以火花形式放出，则可能引起火灾爆炸事故。消除静电的方法有两种：①抑制静电的产生；②把产生的静电迅速排出。

2. 爆炸控制

爆炸造成的后果大多非常严重，科学防爆是非常重要的一项工作。防止爆炸的主要措施包括 4 个方面。

（1）惰性气体保护

化工生产中，采用的惰性气体主要有氮气、二氧化碳、水蒸气及烟道气等。

在保护易燃固体物质的粉碎、筛选处理及其粉末输送时，采用惰性气体进行覆盖保护；处理可燃易爆的物料系统，在进料前用惰性气体进行置换，以排除系统中原有的气体，防止形成爆炸性混合物。将惰性气体通过管线与有火灾爆炸危险的设备、储槽等连接起来，在万一发生危险时使用；易燃液体利用惰性气体充压输送；在有爆炸性危险的生产场所，对有可能引起火灾危险的电器、仪表等采用充氮气的方式进行保护；易燃、易爆系统检修动火前，使用惰性气体进行吹扫置换；发现易燃、易爆气体泄漏时，采用惰性气体将其冲淡，用惰性气体进行灭火。

（2）系统密闭

为了保证系统的密闭性，对危险型设备及系统应尽量采用焊接接头，少用法兰连接，为防止有毒或爆炸性危险气体向容器外逸散，可以采用负压操作系统，对于在负压下生产的设备，应防止吸入空气。根据工艺温度、压力和介质的要求，选用不同的密封垫圈，特别注意检测试漏，设备系统投产前和大修后开车前应结合水压试验，用压缩氮气或压缩空气做气密性检验，如有泄漏应采取相应的防泄漏措施；要注意平时的维修保养，发现配件、填料破损要及时维修或更换，发现法兰螺丝变松要设法紧固。

（3）通风置换

通过通风置换可以有效防止易燃、易爆气体积聚而达到爆炸极限。通风换气次数要有保障，自然通风不足的要加设机械通风。排除含有燃烧爆炸危险物质的粉尘的排风系统，应采用不产生火花的除尘器。含有爆炸性粉尘的空气在进入风机前，应进行净化处理。

（4）安装爆炸遏制系统

爆炸遏制系统由能检测出初始爆炸的传感器和压力式的灭火剂罐组成，灭火剂罐通过传感装置发挥作用，在尽可能短的时间里，把灭火剂均匀地喷射到需要保护的容器里，从而阻止爆炸的发生。在爆炸遏制系统里，爆炸燃烧能被自行检测，并在停电后的一定时间里仍能继续进行工作。

二、防火、防爆安全设施

引发火灾、爆炸事故的因素很多，一旦发生事故，后果往往极为严重。为确保安全生产，首先必须做好预防工作，消除可能引起燃烧爆炸的危险因素。

（一）阻火装置

阻火装置的作用是防止火焰蹿入设备、容器与管道内，或阻止火焰在设备和管道内扩展。常见的阻火设备包括安全液封、阻火器和单向阀。

（1）安全液封

安全液封一般装设在气体管线与生产设备之间，以水作为阻火介质。其作用原理是由于液封中装有不燃液体，无论在液封两侧的哪一侧着火，火焰至液封即被熄灭，从而阻止火势的蔓延。水封井是安全液封的一种，一般设置在含有可燃气体或油污的排污管道上，以防止燃烧爆炸沿排污管道蔓延，其高度一般在 250mm 以上。

（2）阻火器

燃烧开始后，火焰在管道中的蔓延速度随着管径的减小而降低。当管径小到某个极限值时，管壁的热损失大于反应热，火焰就不能传播，从而使火焰熄灭，这就是阻火器的原理。在管路上连接一个内装金属网或砾石的圆筒，则可以阻止火焰从圆筒的一端蔓延到另一端。

（3）单向阀

单向阀又称止逆阀、止回阀，仅允许流体向一定方向运动，防止其反向蹿入未燃低压部分，引起管道、容器及设备爆裂，如液化石油气气瓶上的调压阀就是一种单向阀。

（二）火灾自动报警装置

火灾自动报警装置的作用是将感烟、感温、感光等火灾探测器接收到的火灾信号，用灯光显示出火灾发生的部位并发出报警声，提醒人们尽早采取灭火措施。火灾自动报警装置主要由检测器、探测器和探头组成，按其结构的不同，大致可分为感温报警器、感光报警器、感烟报警器和可燃气体报警器。如某个房间出现火情，既能在该层的区域报警器上显示出来，又可在总值班室的中心报警器上显示出来，以便及早采取措施，避免火势蔓延。

（1）感温报警器

感温报警器是一种利用起火时产生的热量，使报警器中的感温元件发生物理变化，作用于警报装置而发出警报的报警器。此种报警器种类繁多，可按其敏感元件的不同分为定温式、差温式和差定组合式三类。

（2）感光报警器

感光报警器是利用探测元件接收火焰辐射出来的红外、紫外及可见光的闪动辐射后，随之产生出电信号来报警的报警装置。该报警器能检测瞬间燃烧的火焰，适用于输油管道、燃料仓库、石油化工装置等。

（3）感烟报警器

感烟报警器是利用着火前或着火时产生的烟尘颗粒进行报警的报警装置。

它主要用来探测可见或不可见的燃烧产物，尤其适用于阴燃阶段，产生大量的烟和少量的热，很少或没有火焰辐射的初期火灾。

（4）可燃气体报警器

可燃气体报警器主要用来检测可燃气体的浓度，当气体浓度超过报警点时，便能发出报警，主要用于易燃易爆场所的可燃性气体检测，如日常生活中的燃气，工业生产中产生的氢、一氧化碳、甲烷、硫化氢等，当泄漏可燃气体的浓度超过爆炸下限的 16.7% ~25% 时，就会发出报警信号，必须立即采取应急措施。

（三）防爆泄压装置

防爆泄压装置包括安全阀、防爆片、防爆门等。安全阀主要用于防止物理性爆炸；防爆片和防爆门主要用于防止化学性爆炸、减轻其破坏程度；放空管是用来紧急排泄有超温、超压、爆聚和分解爆炸危险的物料。

（1）安全阀

安全阀是为了防止非正常压力升高超过限度而引起爆炸的一种安全装置。设置安全阀时要注意安全阀应垂直安装，并应装设在容器或管道气相界面上；安全阀用于泄放易燃可燃液体时，宜将排泄管接入储槽或容器；安全阀一般可就地排放，但要考虑放空口的高度及方向的安全性；安全阀要定期进行检查。

（2）防爆片

防爆片的作用是排泄设备内气体、蒸汽或粉尘等发生化学性爆炸时产生的压力，以防设备、容器炸裂。防爆片的爆破压力不得超过容器的设计压力，对于易燃或有毒介质的容器，应在防爆片的排放口装设放空导管，并引至安全地点。防爆片一般装设在爆炸中心的附近效果比较好，并且 6 ~ 12 个月更换一次。

（3）防爆门

防爆门一般设置在使用油、气或煤粉作为燃料的加热炉燃烧室外壁上，在燃烧室发生爆燃或爆炸时用于泄压，以防止加热炉的其他部分遭到破坏。

三、火灾爆炸事故的处置要点

（一）火灾事故处置要点

（1）发生火灾事故后，首先要正确判断着火部位和着火介质，优先使用现场的便携式、移动式消防器材，以便于在火灾初起时及时扑救。

（2）如果是电器着火，则要迅速切断电源，保证灭火顺利进行。如果是单台设备着火，在扑灭着火设备的同时，改用和保护备用设备，维持继续生产。

（3）如果高温介质漏出后自燃着火，则应首先切断设备进料，尽量安全转移设备内储存的物料，然后采取进一步的处理措施。

（4）如果易燃介质泄漏后受热着火，则应在切断设备进料的同时，降低高温物体表面的温度，然后再采取进一步的生产处理措施。

（5）如果是大面积着火，要迅速切断着火单元的进料，切断其与周围单元生产管线的联系，停机、停泵，迅速将物料转移至罐区或安全的储罐，做好蒸汽掩护。

（6）发生火灾后，要在积极扑灭初起之火的同时迅速拨打火警电话向消防部门报告，以得到专业消防人员的支援，防止火势进一步扩大和蔓延。

（二）泄漏事故处置要点

（1）临时设置现场警戒

发生泄漏事故后，要迅速将泄漏污染区人员疏散至安全区，临时设置现场警戒，禁止无关人员进入污染区。

（2）熄灭危险区内一切火源

在可燃液体物料泄漏的范围内，绝对禁止使用各种明火。特别是在夜间或视线不清的情况下，不要使用火柴、打火机等进行照明，同时也要注意不要使用刀闸等普通型电器开关。

（3）防止静电的产生

可燃液体在泄漏的过程中流速过快就容易产生静电。为防止静电的产生，可采用堵洞、塞缝和减少内部压力的方法，通过减缓流速或止住泄漏来达到防止静电的目的。

（4）避免形成爆炸性混合气体

当可燃物料泄漏在库房、厂房等有限空间时，要立即打开门窗进行通风，以避免形成爆炸性混合气体。

（5）关闭进料阀门，转移物料

如果罐内液位超高造成泄漏，应急人员要按照规定穿上静电防护服，佩戴自给式呼吸器，立即关闭进料阀门，将物料输送到相同介质的待收罐。

（三）爆炸事故处置要点

（1）发生重大爆炸事故后，在岗工作人员要沉着、冷静，不要惊慌失措，在班长的带领下，迅速安排人员报警，查找事故原因。

（2）在处理事故过程中，在岗工作人员要穿戴防护服，必要时佩戴防毒面具并采取其他防护措施。

（3）如果是单个设备发生爆炸，首先要切断进料，关闭与之相邻的所有阀门，停机、停泵、停炉、除净塔器及管线的存料，做好蒸汽掩护。

（4）当爆炸引起大火时，在岗工作人员要利用岗位配备的消防器材进行扑救，并及时报警，请求灭火和救援，以免事故情况进一步恶化。

（5）爆炸发生后，要组织人员对临近的设备和管线进行仔细检查，避免发生二次爆炸。

四、爆炸泄压技术

爆炸泄压技术是一种对于爆炸的防护技术，其目的是减轻爆炸事故所产生的影响。爆炸泄压技术对于爆轰没有防护作用。在许多工程领域中，出现意外爆炸时通过爆炸泄压技术可将危害控制在较小的范围内。在密闭或半敞开空间内产生的爆炸事故，围包体（如房间、建筑物、容器、设备、管道等）的破坏会引起更大的危害，所谓泄压防爆就是通过一定的泄压面积释放在爆炸空间内产生的爆炸升压，保证围包体不被破坏。例如，在燃气工程中，区域调压室、压缩机房等燃气设施都建设在建筑内，虽然在发生爆炸的情况之下，难以保全室内设施，但可以通过泄压防爆的方法保护建筑物本身的安全。

泄爆装置既可以用来封闭设备，又可以用来泄压。封闭设备使其不会因漏气而不能正常工作，泄压又可以在爆炸产生时降低爆炸空间的压力。泄爆装置的分类如下：

敞口式：全敞口式、百叶窗式、飞机库式门。

密封式：爆破片（泄爆膜、爆破片、泄爆板）、泄爆门。

非标设备的泄爆采用敞开式的结构较多。标准敞口泄爆孔是无阻碍、无关闭的孔口，许多危险建筑的泄爆设计都采用这样的方式，而采用百叶窗式的结构会减少净自由泄压面积，增加泄压时的阻力。

密封式结构的泄爆装置在建筑上使用较多的是轻型泄爆门。这种门开启非常容易，而且可以重复使用，开启压力还可以调整。特殊生产工艺中的设备泄爆，采用密封式的居多，其中主要包括泄爆膜、爆破片和泄爆门。

泄爆装置又分为从动式与监控式。从动式泄爆装置的开启靠爆炸压力波推动，监控式泄爆装置的开启靠爆炸信号探测、信号放大与控制系统触发开启。泄爆装置应依据过程处理物料的物化性质、操作温度和压力、生产中压力波动情况、有无反向压力变化情况、泄爆口尺寸、围包体容积及其长径比、允许的最大泄爆压力、泄爆膜强度、所需泄压的总面积、安装条件及尺寸等因素设计并满足以下要求：

①有准确的开启压力。

②启动惯性小，一般要求泄爆关闭物不超过 $10kg/m^2$。

③开启时间尽可能短，而且不应阻塞泄爆口。

④要避免冰雪、杂物覆盖和腐蚀等因素使实际开启压力值增大。

⑤在泄爆门密封处以微弱的热消除冰冻，避免增加开启压力。

⑥避免爆炸装置碎片对人员和设备造成危害。

⑦要防止泄爆后泄爆门关闭导致围包体产生负压，使围包体受到破坏。因此，在泄爆门旁应设合适的负压消除装置以消除负压。

⑧要防止大风流过泄压口时将泄爆盖吸开。

⑨泄压口应安装安全网，以免人失足落入，网孔应大一些，以免减小泄爆面积。

（一）泄爆膜

在生产环境为大气压或接近大气压，而且操作不十分严格和复杂的情况下，采用泄爆膜系统比较经济易行。这类泄爆装置经常由两层泄爆膜和固定框组成。下面的一层膜片为密封膜片，通常用塑料膜或滤膜等材料，其上的金属瓣固定在泄爆框的一边上，当密封的膜爆破后，此金属膜打开而其一边被固定。泄爆膜定期要更换，否则会因污垢等原因影响其开启压力。

泄爆膜开启压力的允许误差为设计开启压力值的 ±25%，过程操作压力一般取开启压力的 50% ~ 70%，要避免泄爆膜错误打开。泄爆膜的口径不宜过大，以避免由于容器内压波动影响其强度而降低使用寿命。大多数材料开启压力随泄爆面积的减少而升高（特别是直径小于 0.15m 时）。开启压力随膜的厚度、机械加工的缺陷、湿度、老化及温度的变化而有很大的变化。开启压力与膜厚成正比。在高温条件下，泄爆口需隔热，可采用石棉泄爆片。常见的泄爆膜材料有牛皮纸、蜡纸、橡胶布、塑料膜及聚苯泡沫硬板等。

（二）爆破片

爆破片是为较准确地制定开启压力爆破设计的泄爆装置，因此是由专业厂家生产的。爆破片主要适用在以下场合：存在异常反应或爆炸使压力瞬间急剧上升、突然超压或发生瞬时分解爆炸的设备；不允许介质有任何泄漏的设备；运行过程中产生大量沉淀或黏附物，妨碍安全阀正常工作的设备；气体排放口直径小于 12mm 或大于 150mm，要求全量泄放时毫无阻碍的设备。

爆破片的正确设计是保证能否实现泄放效果的关键。计算时应充分考虑影响泄放效率的因素，主要包括泄放面积、材质、厚度。爆破片的泄放面积，一般按 0.035 ~ 0.18m²/m³ 选取。爆破片的材质应根据设备的压力确定。

爆破片的安装要可靠，夹持器和垫片表面不得有油污，夹紧螺栓应拧紧，防止螺栓受压后滑脱。运行中应经常检查连接处有无泄漏，由于特殊要求在爆破片和容器之间安装了切断阀的，要检查阀门的开闭状态，并应采取措施保证此阀门在运行过程中处于常开位置。爆破片排放管的要求与安全阀相同。爆破片一般每 6 ~ 12 个月应更换一次。

爆破片还可以与安全阀组合使用。安全阀具有开启压力能调节并在动作后能自动复位的特点，但其容易泄漏，且不适用于黏性介质。爆破片不会泄漏，对于黏性大的介质适用，但动作后不能自动复位。因此，在防止超压的场合（特别是黏性介质的场合），安全阀与爆破片联合使用将会更加有效。一种形式是在弹簧式安全阀的入口安装爆破片，主要目的是防止容器内的介质因黏性过大或聚合堵塞安全阀；另一种形式是将爆破片安装于安全阀的出口，主要是防止容器内的介质在正常运行的情况下泄漏。

（三）防爆门和防爆球阀

加热炉上使用的防爆门又称泄爆门，其作用是防止燃烧室在发生爆炸时破坏设备，保障周围设施和人员安全。

防爆门一般安装在加热炉燃烧室的炉壁四周，泄压面积按照燃烧室净容积比例设计，通常为 250cm²/m³。布置防爆门时应尽量避开人员经常出现的地方。

五、火焰隔离技术

火焰隔离技术通常是采用一些火焰隔断装置，防止火焰蹿入有爆炸危险的场所（如输送、储存和使用可燃气体或液体的设备、管道、容器等），或者防止火焰向设备、管道之间扩展。这些装置有安全液封、阻火器、单向阀等。

（一）安全液封与水封井

安全液封采用液体作为阻火介质，在液封的两侧任何一侧着火之后，火焰都会在液封处熄灭，从而可以阻止火势蔓延。安全液封采用的介质通常是水，其形式有开敞式和封闭式两种。

（1）开敞式安全液封

开敞式安全液封中有两根管子，一根是进气管，另一根是安全管。安全管比进气管短，液封的深度浅，在正常工作时，可燃气体从进气管进入，从出气管排出，安全管内的液柱高度与容器内的压力平衡（略大于容器内的压力）。当发生火焰倒燃时，容器内气体压力升高，容器内的液体将被排出，由于进气管插入的液面较深，安全管的下管口首先离开水面，火焰被液体阻隔而不会进入进气管。开敞式安全液封的结构中，还有安全管与进气管是同心安装的。其中的液位计是用来观察容器中的液量的，而分气板则是为减少进气时引起液体的搅动，避免出气时可燃气体携带液体过多。

（2）封闭式安全液封

封闭式安全液封正常工作时，可燃气体由进气管进入，通过逆止阀、分水板、分气板和分水管从出气管流出。发生火焰倒燃时，容器内压力升高，压迫水面使逆止阀关闭，进气管暂时停止供气。同时倒燃的火焰将容器顶部的防爆膜冲破，燃烧后的烟气散发到大气中，火焰便不会进入进气管侧。

开敞式和密封式安全液封通常适用于操作压力低的场所，压力一般不宜超过 0.05MPa。安全液封在使用时应特别注意保持液位的高度，如果是用水作为液封的介质，还应该防止冻结。在封闭式液封工作时，可能由于使用的介质中含有的黏性油质，使阀门的阀座污染并影响其关闭性能，故应经常检查阀门的气密性。

（3）水封井

排放液体中如果含有可燃气体或可燃液体的蒸气，则应在管路的末端设置水封井，这样可以防止着火或爆炸蔓延到管道系统中。为保证水封井的阻火效果，水封高度不宜小于 250mm，如果管道很长，可每隔 250m 设一个水封井。水封井应加盖。

（二）阻火器

阻火器广泛用于输送可燃气体的管道、有爆炸危险系统的通风口、油气回收系统以及燃气加热炉的供气系统等。阻火器的设计充分利用了燃气的猝熄原理，火焰通过狭小的孔口或缝隙时，由于散热和器壁效应的作用使燃烧反应终止，起到火焰隔离的作用。阻火器根据形成狭小孔隙的方法和材料的差别，大致可分为 3 类。

1. 金属网阻火器

阻火器的阻火层由单一或多层的不锈钢或铜丝网重叠起来组成。随着金属网层数的增加，阻火的功能也随之增加。但达到一定的层数以后，层数增加对阻火效果的影响并不显著。

金属网的目数直接关系到金属网的层数和阻火性能，一般而言，目数越多，所用的金属网层数会越少，但目数的增加会增加气体的流动阻力且容易堵塞。常采用 1.18～0.75mm（16～22 目）的金属网作为阻火层，层数一般采用 11～12 层。

2. 波纹金属片阻火器

由交叠放置的波纹金属片组成的有正三角形孔隙的方形阻火器，或是将一条波纹带与一条扁平带绕在一个芯子上做成的圆形阻火器。波纹带的材料一般为铝，也可采用铜或其他金属，厚度为 0.05～0.07mm，波纹带的正三角形孔隙高度为 0.43mm。

3. 充填型阻火器

这种阻火器的阻火层用沙砾、卵石、玻璃球或铁屑作为充填料，堆积于壳体之中，在充填料的上方和下方分别用 2mm 孔眼的金属网作为支撑网架，这样壳体内的空间被分割成许多细小的孔隙，以达到阻火的目的。

砾石的直径一般为 3~4mm，也可用玻璃球、小型的陶土环形填料、金属环、小型玻璃管及金属管等。在直径 150mm 的管内，阻火器内充填物的厚度视填料的直径和可燃气体的猝熄直径而定。充填型阻火器的壳体长度与相配合的管道的直径有关。

第四章

燃气场站雷电、静电的防范对策

城镇燃气场站生产设备大都是常温、带压力的连续运行装置，燃气场站生产的产品大都属于易燃易爆危险物质，生产设施大都由高压储气罐、低压储气罐、调压站以及众多金属连接管道组成，具有常温、常压、连续生产的性质。

第一节　燃气场站防雷要求

燃气行业防雷电的原则首先是科学的原则，其次是经济的原则和耐用可靠的原则。防雷工作保护的对象有：建（构）筑物、燃气设备和人员。防雷装置设计必须根据被保护对象的要求从外部防雷和内部防雷两个方面考虑，这是一个系统工程。

储气罐和压缩机室、调压计量室等处于燃烧爆炸危险环境的生产用房，其防雷设计应符合现行的国家标准《建筑物防雷设计规范》（GB 50057 - 2010）的"第二类防雷建筑物"的规定；生产管理、后勤服务及生活用建筑物，其防雷设计应符合现行的国家标准《建筑物防雷设计规范》（GB 50057 - 2010）的"第三类防雷建筑物"的规定。

门站和储配站室内电气防爆等级应符合现行的国家标准《爆炸危险环境电力装置设计规范》（GB 50058 - 2014）的规定；站区内可能产生静电危害的设备、管道以及管道分支处均应采取防静电接地措施，应符合现行的化工标准《化工企业静电接地设计规程》（HG/T 20675 - 1990）的规定。站区内储气罐、罐区、露天工艺装置及建（构）筑物之间，以及与站外建（构）筑物之间的防火间距应符合现行国家规范《建筑设计防火规范》（GB 50016 - 2014）和《城镇燃气设计规范》（GB 50028 - 2006）的有关规定。

一、储罐区

在储罐区独立避雷针、架空避雷线（网）的保护范围应包括整个储罐区。

当储罐顶板厚度不小于4mm时，可以用顶板作为接闪器；若储罐顶板厚度小于4mm时，则需装设防直击雷装置。但在雷击区，即使储罐顶板厚度大于4mm时，仍需装设防直击雷装置。对于浮顶罐、内浮顶罐不应直接在罐体上安装避雷针（线），而应将浮顶与罐体用两根导线作电气连接。浮顶罐连接导线应选用截面积不小于 $25mm^2$ 的软铜复绞线。对于内浮顶罐，钢质浮盘的连接导线应选用截面积不小于 $16mm^2$ 的软铜复绞线；铝质浮盘的连接导线应选用直径不小于 $1.8mm$ 的不锈钢钢丝绳。罐区内储罐顶法兰盘等金属构件应与罐体可靠电气连接，放散塔顶的金属构件亦应与放散塔可靠电气连接。

钢储罐防雷接地引下线不应少于 2 根，并应沿罐周均匀或对称布置，其间距不宜大于 30m。防雷接地装置冲击接地电阻不应大于 10Ω，当钢储罐仅做防感应雷接地时，冲击接地电阻不应大于 30Ω。

液化石油气罐采用牺牲阳极法进行阴极保护时，牺牲阳极的接地电阻不应大于 10Ω，阳极与储罐的铜芯连线截面积不应小于 $16mm^2$；液化石油气罐采用强制电流法进行阴极保护时，接地电极必须用锌棒或镁锌复合棒，接地电阻不应大于 10Ω，接地电极与储罐的铜芯连线截面积不应小于 $16mm^2$，不需再单独设置防雷和防静电接地装置。

二、调压计量区

设于空旷地带的调压站及采用高架遥测天线的调压站应单独设置避雷装置，其接地电阻值应小于 10Ω。当调压站内、外燃气金属管道为绝缘连接时，调压器及其附属设备必须接地，接地电阻应小于 10Ω。

三、站内其他区域

站区内所有正常不带电的金属物体，均应就近接地，且接地的设备、管道等均应设接地端头，接地端头与接地线之间，可采用螺栓紧固连接。对有振动、位移的设备和管道，其连接处应加挠性连接线过渡。

进出站区的金属管道、电缆的金属外皮、所穿钢管或架空电缆金属槽，在站区外侧应做一处接地，接地装置应与保护接地装置及避雷带（网）接地装置合用。如存在远端至站区的金属管道、轨道等长金属物，则应在进入站区前端每隔25m接地一次，以防止雷电感应电流沿输气管道进入配气站。

电绝缘装置应埋地设置于站场防雷防静电接地区域外，使配管区（设备区）及进出站管道能够置于同一防雷防静电接地网中。

站区内处于燃烧爆炸危险环境的生产用房应采用40mm×4mm镀锌扁钢或同等规格的其他金属材料构成避雷网格，并敷设明式避雷带。其引下线不应少于2根，并应沿建筑物四周均匀对称布置，间距不应大于18m，网格不应大于10m×10m或12m×8m。

四、燃气金属管道及附件

平行敷设于地上或管沟的燃气金属管道，其净距小于100mm时，应用金属线跨接，跨接点的间距不应大于30m。管道交叉点净距小于100mm时，其交叉点应用金属线跨接。

架空或埋地敷设的燃气金属管道的始端、末端、分支处以及直线段每隔200～300m处，应设置接地装置，其接地电阻不应大于30Ω，接地点应设置在固定管墩（架）处。距离建筑物100m内的管道，应每隔25m左右接地一次，其冲击接地电阻不应大于10Ω。

燃气金属管道在进出建筑物处，应与防雷电感应的接地装置相连，并宜利用金属支架或钢筋混凝土支架的焊接、绑扎钢筋网作为引下线，其钢筋混凝土基础宜作为接地装置。

五、屋面燃气金属管道

屋面燃气金属管道、放散管、排烟管、锅炉等燃气设施宜设置在建筑物防雷保护范围之内，且应尽量远离建筑物的屋角、檐角、女儿墙的上方、屋脊等雷击率较高的部位。屋面工业燃气金属管道在最高处应设放散管和放散阀。屋面燃气金属管道末端和放散管应分别与楼顶防雷网相连接，并应在放散管或排烟管处加装阻火器或燃气金属管道防雷绝缘接头，对燃气金属管道防雷绝缘接头两端的金属管道做好接地处理。屋面燃气金属管道与避雷网（带）或埋地燃气金属管道与防雷接地装置至少应有两处采用金属线跨接，且跨接点的间距不应大于30m。

当屋面燃气金属管道与避雷网（带）或埋地燃气金属管道与防雷接地装置的水平、垂直净距小于100mm时，也应跨接。屋面燃气管与避雷网之间的金属跨接线可采用圆钢或扁钢，圆钢直径不应小于8mm，扁钢截面积不应小于48mm²，其厚度不应小于4mm，应优先选用圆钢。

六、建筑物外墙立管

高层建筑引入管与外墙立管相连时，应设绝缘法兰，绝缘法兰上端阀门应用铜芯软线跨接，并且按防雷要求接地，接地电阻不应小于10Ω。沿外墙竖直敷设的燃气金属管道应采取防侧击和等电位的防护措施，应每隔不超过10m就近与防雷装置连接。每根立管的冲击接地电阻不应大于10Ω。

第二节　燃气场站防雷措施

一、防雷装置

防雷装置由外部防雷装置和内部防雷装置组成。

（一）外部防雷装置

1. 接闪器

接闪器是将空中雷电引入大地起先导作用的那部分防雷装置，可分为被动式接闪器和主动式接闪器。

（1）被动式接闪器

被动式接闪器即常规接闪器，是直接受雷击的防雷常见的避雷针、避雷带、避雷环、避雷网、架空避雷线以及用作接闪器金属屋面钢烟囱、钢线杆等金属构件。一般情况下，接闪器应做镀锌或涂漆等防腐处理。在腐蚀性较强的场所，其截面应加大或采取其他防腐措施。

（2）主动式接闪器

主动式接闪器即非常规接闪器，它与常规的被动式接闪器的防雷原理相反，即在雷击发生之前"主动出击"以降低接闪器的迎面先导的起始电场。通过增加接闪器拦截效率，或在接闪器端部通过电离的离子流增加接闪器高度，增加拦截效率或两种方案共同应用，形成驱雷—引雷系统，从而更有效地使被保护物免遭雷击。

一般接闪器有主动式接闪器、主动式驱雷（排雷）接闪器、主动式消雷接闪器和主动式"驱雷—引雷"系统接闪器四大类型。

2. 引下线

引下线是雷电进入大地的通道，一般在既可采用圆钢又可用扁钢的条件下，优先采用圆钢。一般情况下，引下线应做热镀锌或涂漆防腐处理，在腐蚀性较强的场所，其截面积应加大或采取其他防腐措施。

3. 接地装置

接地装置是使雷电电流在大地中迅速流散而不会产生危险过电压的防雷装置，是接地体和接地线的总称。接地装置的形状尺寸比接地电阻规定值更为重要，但在条件许可的情况下，接地电阻越低越好。一般情况下，接地装置可分为人工接地装置和自然接地装置（利用建筑物钢筋等作为接地装置）两种类型。

（二）内部防雷装置

内部防雷装置的目的是尽可能减小雷电流在需要防雷的空间内产生电磁效应。通常采用的是等电位连接技术、屏蔽技术和防雷电波入侵技术。

1. 等电位技术

等电位技术是将各金属部件与人工或自然接地体连接的防雷技术。用连接导线或过电压保护器将外在需要防雷的空间的防雷装置，如建筑物金属构架、金属装置、外来导体、电气装置、电信装置等，与人工或自然接地体等电位连接。

2. 屏蔽技术

屏蔽是减小防雷区内电磁场干扰的基本措施，常常采用外部屏蔽、进出线路的综合布线和所有线路进行屏蔽的措施。

（1）外部屏蔽

外部屏蔽是对整个建筑物或放置弱电系统设备的机房体采取金属网格或金属板进行屏蔽的一种技术，其主要目的是减少雷电电磁干扰。

（2）进出线路的综合布线

综合布线是对电设备的信号线、电源线、金属等进行合理布线以减小线之间的相互干扰。

（3）所有线路进行屏蔽

线路屏蔽是对防雷区内弱电系统设备的所有信号线、电源线等采用有金属屏蔽层的电缆线，并在适当的地方对电缆的金属屏蔽层进行等电位技术处理，主要是防止线间相互干扰和电缆金属屏蔽层上的雷电波入侵和雷电电磁场干扰。

3. 防雷电波入侵技术

防雷电波入侵技术就是对所需要防雷空间内不同防雷区的交界处安装相应的过电压防雷装置。一般从 LPZ0$_A$ 过渡到 LPZ1 需考虑直击雷电流的影响来选取防雷过电压装置；而在 LPZ0$_B$ 过渡到 LPZ1 和 LPZ1 过渡到 LPZ2 的界面处所选用的防雷过电压装置，不必考虑雷电直击电流的影响，而重点考虑雷电流引起的电磁场干扰来选择过电压保护装置。

二、防雷措施

雷电发生时产生的雷电流是主要的破坏源，其危害有直接雷击、感应雷击和由架空线引导的侵入雷。如各种照明、电讯等设施使用的架空线都可能把雷电引入室内，所以应严加防范。

（一）避雷针防雷法

避雷针防雷法，即利用避雷针高出被保护物的高度，从而将雷电流吸引到避雷针上，通过引下线和接地装置将其导入大地，使被保护对象免遭雷电直击。

避雷针使雷电只能击在避雷针上，不能破坏以它为中心的伞形保护区，同样的原理，避雷带提供的是一个屋脊形的保护区，这个保护伞或保护区所张开的角度受针或带的设置高度、雷电强度以及其他参数的影响，有的采用30°，有的采用45°或60°，尽管关于保护角计算的公式很多，但保护角如何确定一直是富兰克林防雷理论的最大困扰所在。

避雷针，实质是引雷针，它使雷电触击其上而使建筑物得以被保护，当雷击避雷针或避雷带时，由于引下线的阻抗，强大的雷电流可能会造成避雷系统带上高电位，对地电压可达相当高的数值，以至于可能造成接闪器及引下线向周围设备（设施）跳火反击，从而造成火灾或人身伤亡事故。另外，强大的雷电流泄入大地，在接地极周围形成跨步电压的危险也是不容忽视的。

（二）法拉第笼式防雷法

法拉第笼式防雷法是利用钢筋或铜带把建筑物包围起来。

此法的出发点是建筑物被垂直与水平的导体密密麻麻地包围起来，形成一个法拉第保护笼。但建筑物有通道，有对外的空隙，不可能做到天衣无缝。法拉第保护笼只能屏蔽静电场，而对雷电流引起的空间变化电磁场无法屏蔽，并且法拉第保护笼不能使建筑物的拐角处避免雷击。近年来，较多的是上述两种方法的混合使用。

（三）消雷器防雷法

消雷器防雷的主要原理是当雷云移动到消雷器的上方，消雷器在雷云电场启动下，产生电晕电流，电晕区内场强可达 2800kV/m。电晕电流一方面在消雷器上空形成 V 形空间电荷屏蔽层，另一方面与雷云电荷中和，从而可削弱雷云电场，使雷电不击穿空气放电，让被保护物免遭雷击。

（四）排雷器防雷法

排雷器防雷法是与常规的避雷针接闪器思路完全相反的一种防雷方法，即设法将雷击拒之门外。排雷器的主要原理是设法使排雷装置带上与雷电下行先导同极性的电荷或设计特殊的电极，以便影响雷电先导的走向，使雷电先导绕过排雷装置和被保护物。排雷器可分为无源排雷器和有源排雷器。

（1）无源排雷器

法国科学家发现，如果在长空气间隙中的高压电击下放置一个大的金属球体，则先导放电经常绕开金属球而对地放电。无源的排雷器就是利用这种现象把排雷装置设计成一个特殊的电极（一般为球体）使被排雷装置和被保护物端部上空电场尽可能均匀，以免遭受雷击的一类防雷装置。在实际应用中，如何设计一个最佳的、特殊形状的电极，是有待进一步研究的问题。

（2）有源排雷器

有源排雷器的主要原理是在被保护物的顶部放置一个能产生与雷云电荷同极性的防雷装置，则在该装置的电荷区下有一个 100% 概率的排雷区，从而使被保护物免遭雷击。有试验表明，当排雷装置产生的电荷为先导电荷的 18% 时，雷击概率仅为原来雷击概率的 33%。在实际运用中如何产生与雷云同极性的电荷是一个亟待解决的问题。

（五）放射性电离装置防雷法

放射性电离装置由顶部的放射性电离装置、地下的地电流收集装置及连接线组成。它不是通过控制雷击点来防止雷击事故，而是利用放射元素在电离装置附近形成强电场使空气电离，产生向雷云移动的离子流，使雷雨云所带的电荷得以缓慢中和与泄漏，从而使雷云与被保护物之间的空间电场强度不超过空气的击穿强度，消除落雷条件，抑制雷击发生。

（六）提前预放电避雷针防雷法

提前预放电避雷针的工作原理是：当雷云来临时，提前预放电避雷针能够随大气电场变化而吸收能量，当存储能量达到一定程度时便会在避雷针尖端放电，尖端周围空气离子化，使避雷针上方形成一个人工的向上雷电先导，它与自然的向上雷电先导相比，能更早地与雷云的向下先导接触，形成主放电通道。其放电时间非常准确。当雷云电场接近雷击强度时，提前预放电避雷针产生提前先导，并且产生提前先导的时间是刚好发生的闪电之前，如果此时不将雷电引下，雷击便将在周围某点激发。提前预放电避雷针的提前先导不会过早地"引雷"，使被保护物区域内雷击次数增加，从而最大限度地保护被保护物。

（七）避雷器防雷法

避雷器是为了保护设备不受感应雷和雷电波入侵的损害。其防雷原理是：通过间隙击穿达到对地放电目的，它必须与被保护设备并联。避雷器的间隙击穿电压比被保护的设备绝缘的击穿电压低。正常工作电压时，避雷器间隙不会被击穿，当雷电波沿导线传来，出现危及被保护设备的过电压时，避雷器间隙很快被击穿，对地放电，使大量的电荷都泄入地中，从而限制了被保护设备的过电压，起到保护设备的作用。过电压过去以后，间隙能迅速恢复灭弧，使被保护设备工作正常。也可采用大面积无源波导元件，让有用信号波与雷电波信号分开，有用信号进入接收装置，而让雷电波对地放电，使大量的电荷泄入地中，起到保护设备的作用。

（八）绝缘防雷法

绝缘防雷法是对高耸的构架或设施（如航天飞机的发射机架、军用天线、微波塔等）的避雷采取直接将避雷针（或接闪的端子）安装在被保护的构架上，并与构架绝缘，使接闪器与被保护的构架分隔开，用多根拉线（即引下线）从接闪器外引下后，单独接地的一种防雷方法。

（九）人工引雷防雷法

目前人工引雷防雷法主要有以下三种：

（1）激光引雷

用强度足够的激光束射向雷云，来定向引导雷电，直到主动截雷或引雷的一种防雷方法。

（2）火箭引雷

用小火箭引一条金属丝直接发射到云中实现人工触发雷击而达到引雷的一种防雷方法。

（3）水柱引雷

利用脉动加压式高压水枪将水柱射向雷云形成引雷通道的一种防雷方法。

（十）人工影响雷电防雷法

人类的某些活动，如空间救援、强爆炸物的搬运和核装置的安装等，都需要对雷电进行短暂的防护，而常规的防雷装置已不适合。因此，防雷界的专家们提出了人工影响雷电的防雷方法。其主要方法有：

（1）对云播撒人工冰核，改变云体动力和微物理过程，以影响雷电放电。

（2）播撒金属箔以增加云中电导力，使云中电场维持在产生雷电值以下，从而抑制雷电产生。

（3）用激光等人为方法触发雷电放电，使云体小部分区域在限定的时间内放电。

第三节 燃气场站防静电措施

一、静电的控制方法

燃气本身具有着火和爆炸的危险性，同时还可能因直接摩擦或喷出时产生很高电压的静电，而引起着火和爆炸。静电造成的灾害与普通火灾的情况不同，一般静电在产生着火性放电前不易被人们察觉，而且灾害发生后也难根据残痕确定是否由静电引起。因此，为避免静电造成灾害，必须了解和重视可能产生各种静电的原因，预先采取相应的防护措施。

在很多情况下，不产生静电是不可能的，但产生静电并非危害所在，危险在于静电的积蓄，以及由此产生的静电电荷的放电。控制静电的方法就是在发生静电火花之前，为彼此分离的电荷提供一条通路，使它们毫无危害地中和。为此，可以采用下述的几种方法。

（一）减少静电荷的产生

静电事故的基础条件就是静电荷的大量产生，所以，人为地控制和减少其产生，便可认为不存在点火源。静电消散的过程主要是指电荷在介质材料上的泄漏或中和。根据电荷守恒定律可以制订不同的预防静电危害的措施。

在采取预防静电的措施时，应首先查明电荷产生和消散的区域，以便于采用合理的方法。例如，在料斗、接收容器、料仓等静电消散区域装设导电性网栅格子、叶板等是为了增大介质同接地设备的接触面积，对于消除静电的危害是有效的。而若装设在管道内或个别带电区域，电荷反而会增多，还会增加其火花放电的危险性。有些工艺过程中，静电的产生和消散是同时存在的，在这种情况下，就要根据哪种过程占优势来确定静电的产生过程和静电的消散过程。液体或粉体通过管道最后输运到储槽、储罐后，物料速度降为零，此时的静电电荷为消散过程，根据流速的降低会使静电消散过程加强的特点，常在管道中加装缓冲器，这样可以大大消除物料在管道内流动时积聚的静电。

（二）降低静电场合的危险度

控制或排除放电场合的可燃物，成为预防静电危害的重要措施。

（1）降低爆炸性混合物在空气中的浓度

在有爆炸或火灾危险场所安装通风装置或抽气换气装置，及时有效地排出爆炸性混合物，把爆炸性混合物的浓度控制在低于爆炸下限或高于爆炸上限的范围，防止静电火花引起爆炸或火灾事故。对于易燃液体还有一个爆炸温度极限问题。爆炸温度极限也有爆炸温度下限和爆炸温度上限之分。当温度处于这个下限和上限之间时，液体蒸发产生的蒸汽混合物的浓度正好在该液体的爆炸浓度极限范围之内，液体的爆炸温度下限即该液体的闪点。

（2）减少氧含量或采取强制通风措施

限制或减少空气中的氧含量，使可燃物达不到爆炸极限浓度，通常氧含量不超过8%时就不会引起可燃物燃烧和爆炸。减少氧含量常用的方法是在蒸汽或粉尘的容器内充填二氧化碳、氮气或其他不活泼气体，以减少蒸汽、气体或粉尘爆炸性混合物中的氧含量，消除燃烧条件，防止发生爆炸或火灾事故。

（3）尽量用不可燃介质代替可燃介质

如果不影响工艺过程的正常进行，最好用不可燃介质代替可燃介质，这不仅防止了静电的引燃，而且消除了着火的根源。例如，汽油和煤油可以洗涤设备或设备零部件上的油脂污物，但是汽油和煤油即使在正常温度下也容易产生蒸汽，在其表面附近与空气形成爆炸性混合物，而且汽油和煤油的闪点和燃点都很低，加之二者又都比较容易产生静电，使用它们作为洗涤剂会带来很大的危险性。因此，建议采用危险性较小的三氯乙烯和四氯化碳等溶剂作为洗涤剂，当然还要注意其毒性以及可能形成光气的危险性。

（三）合理选择工艺过程的材料及设备

（1）带轮及输送带应选用导电性好的材料制作，以减少摩擦产生的静电。

（2）用齿轮传动带替代带轮传动，以减少摩擦产生的静电。

（3）使物料与不同材料制成的设备或装置进行摩擦而产生不同极性的电荷，从而互相中和。

（4）选用具有导电性的工具，增加泄漏渠道等。

（四）控制降低摩擦速度或流速

通过管道输送的液态液化石油气，为保证其输送至储罐中的过程是安全的，应该控制液体在管道中的流速，最大允许的安全流速由下式算出：

$$v^2 d \leqslant 0.64$$

式中 v——液体在管道中的线速度，m/s；

d——管道的直径，m。

如果管道上装有过滤器、分离器或其他工艺设备，而且它们距离储罐很近，其速度还应降低。

（五）控制人体静电

人在活动过程中，由于衣服与外界介质的接触分离，鞋底与绝缘地面的接触分离以及其他原因，会使衣服、鞋等带电。人体静电的放电火花可引燃可燃性物质，导致爆炸和火灾事故。防止人体带电的主要方法有：

（1）人体接地

可以在手腕上佩戴腕带、穿防静电鞋或者防静电工作服，降低人体静电电位。

（2）工作地面导电化

通过洒水或采用导电地面使工作地面导电化。

（3）危险场合严禁脱衣服

脱衣服时，人体和衣服上产生的静电可能达到数千伏甚至上万伏的高电位，极易形成火花放电而点燃可燃性气体混合物，发生爆炸火灾事故。

（六）静电屏蔽

静电屏蔽的作用是用壳体将一个区域封闭起来，壳体可以做成金属隔板式、盒式，也可以做成电缆屏蔽和连接器屏蔽。静电屏蔽的壳体不允许存在孔洞。静电屏蔽的材料应使用具有足够机械强度的、直径尽量小的金属线或数厘米方孔的金属网。

二、静电接地

静电接地是用接地的方法提供了一条静电荷泄漏的通道。实际上，静电的产生和泄漏是同时进行的，是带电体输出和输入电荷的过程。物体上所积累的静电电位，在对地的电容一定时，取决于物体的起电量和泄漏量之差。显然，接地加速了静电的泄漏，从而可以确保物体静电的安全。

可以引起火灾、爆炸和危及安全场所的全部导电设备和导电的非金属器件，不管是否采用了其他的防止静电措施，都必须接地。

（一）静电接地要求

静电接地的电阻大小取决于收集电荷的速率和安全要求，该电阻制约着导体上的电位和储存能量的大小。实验证明，生产中可能达到的最大起电速率为 10^{-4} A，一般为 10^{-6} A，根据加工介质的最小点火能量，可以确定生产工艺中的最大安全电位，于是满足上述条件的接地电阻便可以计算出来：

$$R < \frac{V_{\max}}{Q_f}$$

式中 R——静电接地的电阻，Ω；

$V_{\max}$——最大安全电位，V；

Q_f——最大起电速率，A。

在空气湿度不超过 60% 的情况下，非金属设备内部或表面的任意一点对大地的流散电阻不超过 $10^7 \Omega$，均认为是接地的。这一电阻值能保证静电弛豫时间常数的必要值，即在非爆炸介质中为十分之几秒，在爆炸介质中为千分之几秒。

防止静电接地装置通常与保护接地装置接在一起。尽管 $10^7 \Omega$ 完全可以保证导出少量的静电荷，但是专门用来防静电的接地装置的电阻仍然规定不大于 100Ω。在实际生产工艺中，包括管路、装置、设备的工艺流程应形成一条完整的接地线。在一个车间的范围内与接地的母线相接不少于两处。

（二）燃气场站静电接地方法

燃气场站工艺中有许多需要防止静电的地方。例如管道法兰连接处消除静电的方法，法兰之间采用电阻率低的材料进行跨接。

移动设备不能像固定设备那样接地，因此可以采用连接器具进行接地。经常用到的接地器具还有夹钳或电池夹子、钳式插入连接器等。在选择接地线时，要充分考虑到机械的变形和机械运转时引起的振动，为了可靠地连接接地线，最好采用锡焊的方法。安装时还需要注意的是，要充分加大接触面积、接触压力，将接触电阻控制在几欧以下。当接地的对象为非金属物时，最好采用接触面积为 $20cm^2$ 以上的金属板或在物体和金属板之间采用导电橡胶。

　　屋面上的燃气管道（在接闪器的保护范围以外）均应采用壁厚不小于 4mm 的无缝钢管焊接连接，并采用法兰阀门，法兰连接处的过渡电阻大于 0.03Ω 时，连接处应用金属线跨接。对有不少于 5 根螺栓连接的法兰盘，在非腐蚀环境下，可不跨接。屋面燃气金属管道、放散管、排烟管、锅炉等燃气设施应设置在避雷设施保护范围之内，并远离建筑物的屋檐、屋角、屋脊等雷击率较高的部位。屋面放散管和排烟管处应加装阻火器，并就近与屋面防雷装置可靠电气连接。屋面燃气金属管道与避雷网（带）至少应有两处采用金属线跨接，且跨接点的间距不应大于 30m。当屋面燃气金属管道与避雷网（带）的水平、垂直净距小于 100mm 时，也应跨接。屋面燃气管与避雷网之间的金属跨接线可采用圆钢或扁钢，圆钢直径不应小于 8mm，扁钢截面积不应小于 48mm，其厚度不应小于 4mm，宜优先选用圆钢。在建筑外敷设燃气管道，当与其他金属管道平行敷设的净距小于 100mm 时，每 30m 之间至少采用截面积不小于 6mm 的铜绞线将燃气管道与平行的管道进行跨接。当屋面管道采用法兰连接时，在连接部位的两端应采用截面积不小于 6mm 金属导线进行跨接；当采用螺纹连接时，应使用金属导线跨接。

三、安装静电中和器

　　静电中和器具有使用简便、不影响产品质量的特点，它是一种结构简单的防静电装置，由金属、木质或电介质制成的支撑体，其上装有接地针和细导线等。

带电材料的静电荷在静电感应器的电极附近建立电场，在放电电极附近强电场的作用下产生碰撞电离，结果形成两种符号的离子。

碰撞电离的强度取决于电场强度，而电场强度的提高，在其他条件相同的情况下，首先是依靠放电电极的曲率半径的减少和电极最佳间距的选择。

根据现场情况，正确放置静电中和器。在安装静电中和器时要考虑下列问题：

（1）静电中和器应尽量安装在最高电位的位置上。

（2）静电中和器不应安装在相对湿度 80% 以上或周围环境温度超过1509℃的地方，当空气内存在易于污染静电除尘器的杂质时，也不宜安装静电中和器。

（3）离开静电产生源的距离最少应大于设置距离，一般为离开静电产生源5 ~ 20cm。

四、其他方法

（一）增湿

增湿是促使静电泄漏的措施，适用于绝缘体上静电的消除。可装设空调设备并设喷雾器或挂湿布片，提高空气的湿度；也可用温度略高于绝缘体表面温度的高湿度空气吹向绝缘体，结成水膜，进而泄漏静电。这些场所一般应保持相对湿度在 70% 以上为好。

（二）添加抗静电剂

加入少量的抗静电添加剂，能降低材料的电阻，加速静电泄漏，消除静电危险。

第五章

燃气场站火灾的防范对策

本章首先对燃气场站防火安全布置进行了概述；然后对燃气场站不同区域的消防设施布置进行了分类介绍；最后对燃气场站消防构筑物的设计知识单独做了分析。

第一节　场站防火安全布置

一、场站的区域布置

场站的区域布置是指场站与所处地段其他企业、建（构）筑物、居住区、线路等之间的相互关系。处理好这方面的关系是确保场站安全的一个重要因素。

因为燃气散发的易燃易爆物质对周围环境存在引发火灾的威胁，而其周围环境、其他企业、居民区等火源种类杂而多，更易产生不安全的因素。因此，在确定区域布置时，应考虑周围相邻的外部关系，合理进行场站的选址，满足安全间距的要求，防止和减少火灾的发生及相互影响。合理利用地形、风向等自然条件是消除和减少火灾危险性的重要环节，当火灾发生时，可避免火势大幅度地蔓延，同时便于消防人员作业。具体选址应遵循以下规定。

（1）甲、乙、丙类液体储罐（区），可燃、助燃气体储罐（区），可燃材料堆场等，应设置在城市（区域）的边缘或相对独立的安全地带，并宜布置在城镇和居住区的全年最小频率风向的上风侧。最小频率风向是指盛行风向对应轴的两侧，风向频率最小的方向。盛行风向是指当地风向频率最多的风向，如出现两个或两个以上方向不同，但风频均较大的风向，都可视为盛行风向。在山区、丘陵地区建设场站，宜避开窝风地段。

（2）甲、乙、丙类液体储罐（区）宜布置在地势较低的地带。当布置在地势较高的地带时，应采取安全防护措施。液化石油气储罐（区）宜布置在地势平坦、开阔等不易积聚液化石油气的地带。

（3）液化石油气场站的生产区沿江河岸布置时，宜布置在邻近江河的城镇、重要桥梁、大型锚地、船厂等重要建（构）筑物的下游。

（4）现行国家规范《建筑设计防火规范》（GB 50016 - 2014）对甲、乙、丙类液体储罐（区）与建筑物的防火间距做出了规定，湿式可燃气体储罐与建筑物、储罐、堆场的防火间距也要根据具体的规定。干式可燃气体储罐与建筑物、储罐、堆场的防火间距与可燃气体的密度有关。

（5）站内的露天燃气工艺装置与站外建（构）筑物的防火间距应符合甲类生产厂房与厂外建（构）筑物的防火间距的要求。

（6）现行国家规范《石油天然气工程设计防火规范》（GB 50183 - 2015）在不违背现行国家规范《建筑设计防火规范》（GB 50016 - 2014）中"甲、乙、丙类液体储罐（区）和气体储罐（区）与周围建筑物防火间距"规定的前提下，对液化石油气、天然气场站与周围居住区、相邻厂矿企业、交通线等防火间距做了更详细的规定。

（7）气井与周围建（构）筑物、设施的防火间距按具体的规定执行。当气井关井压力或注气井注气压力超过 25MPa 时，与 100 人以上的居住区、村镇、公共福利设施及相邻厂矿企业的防火间距，应按规定增加 50%。

（8）火炬和放空管宜位于天然气场站生产区最小频率风向的上风侧，且宜布置在场站外地势较高处。放空管放空量小于或等于 $1.2 \times 10^4 \mathrm{m}^3/\mathrm{h}$ 时，放空管与天然气场站的间距不应小于 10m；放空量大于 $1.2 \times 10^4 \mathrm{m}^3/\mathrm{h}$ 且小于或等于 $4 \times 10^4 \mathrm{m}^3/\mathrm{h}$ 时，放空管与天然气场站的间距不应小于 40m。

二、场站总平面布置

为了安全生产，场站内部平面布置应根据其生产工艺特点、火灾危险性等级、功能要求，结合地形、风向等条件，对各类设施和工艺装置进行功能分区，防止或减少火灾的发生及相互间的影响。

（一）场站总平面布置的总体要求

可能散发可燃气体的场所和设施，宜布置在人员集中场所及明火或散发火花地点的全年最小频率风向的上风侧；甲、乙、丙类液体储罐，宜布置在场站地势较低处；当受条件限制或有特殊工艺要求时，可布置在地势较高处，但应采取有效的防止液体流散的措施。在山区或在丘陵地区建设油气场站，由于地形起伏较大，为了减少土石方工程量，场区一般采用阶梯式竖向布置，为了防止可燃液体流到下一个台阶上，阶梯间应有防止泄漏可燃液体漫流的措施。

（二）场站内的布置

甲、乙、丙类液体储罐区，可燃、助燃气体储罐区，可燃材料堆场，应与装卸区、辅助生产区及办公区分开布置。场站内的锅炉房、35kV 及以上的变（配）电所、加热炉、水套炉等有明火或散发火花的地点，遇有泄漏的可燃气体会引起爆炸和火灾事故，为减少事故发生的可能性，宜布置在场站或生产区边缘。空气分离装置要求吸入的空气应洁净，若空气中含有可燃气体，一旦被吸入空气分离装置，则有可能引起设备爆炸等事故。因此，将空气分离装置布置在空气清洁地段并位于散发油气、可燃气、粉尘等场所全年最小频率风向的下风侧。液化石油气和硫磺的装卸车场及硫磺仓库等，应布置在场站的边缘，独立成区，并宜设单独的出入口。

天然气场站内的管道宜地上敷设，一旦泄漏，便于及时发现和检修。三、四级天然气场站四周宜设不低于 2.2m 的非燃烧材料围墙（栏）。场站内变（配）电站（大于或等于 35kV）应设不低于 1.5m 的围栏。道路与围墙（栏）的间距不应小于 1.5m。三级天然气场站内甲、乙类设备、容器及生产建（构）筑物至围墙（栏）的间距不应小于 5m。以上间距要求是为了满足消防车辆的通道要求。场站的最小通道宽度应能满足移动式消防器材的通过。在小型场站，应考虑在发生事故时生产人员能迅速离开危险区。

三、场站内部防火间距

一至四级液化石油气、天然气场站内总平面布置的防火间距除另有规定外，不应小于一般规定。火炬的防火间距应经辐射热计算确定，对可能携带可燃液体的高架火炬还应满足一般规定。按火灾危险性分类，如维修间、车间办公室、工具间、供注水泵房、深井泵房、排涝泵房、仪表控制、应急发电设施、阴极保护间、循环水泵房、给水处理、污水处理等使用非防爆电气的厂房和设施，均有产生火花的可能，将其归为辅助生产厂房及辅助生产设施。将中心控制室、消防泵房和消防器材间、35kV 及以上的变电所、自备电站、中心化验室、总机房和厂部办公室、空压站和空分装置归为全厂性重要设施。为了减少占地，在将装置、设备、设施分类的基础上，采用区别对待的原则，将火灾危险性相同的尽量减小防火间距，甚至不设间距。

两个丙类液体生产设施之间的防火间距，可按甲、乙类生产设施的防火间距减少 25%。天然气储罐总容量按标准体积计算。当总容量大于 $5 \times 10^4 \mathrm{m}^3$ 时，防火间距应按表中规定增加 25%。可能携带可燃液体的高架火炬与相关设施的防火间距不得折减。表中分数分子表示甲$_A$类，分母表示甲$_B$、乙类厂房和密闭工艺装置（设备）防火间距。液化石油气灌装站指进行液化石油气灌瓶、加压及其有关的附属生产设施，灌装站防火间距起算点按灌装站内相邻面的设备、容器、建（构）筑物外缘算起。

（一）储罐之间的防火间距

现行国家规范《建筑设计防火规范》（GB 50016 – 2014）中对甲、乙、丙类液体储罐之间，甲、乙、丙类储罐成组布置，可燃气体储罐或储罐区之间的防火间距给出了详细的规定。具体如下：

（1）甲、乙、丙类液体储罐之间的防火间距除考虑安装、检修的间距外，主要考虑火灾时避免相互危及和便于扑救火灾的需要。详细规定见表 5 – 1 – 1。

表 5 – 1 – 1 中，D 为相邻较大立式储罐的直径（m），矩形储罐的直径为长边和短边之和的一半。两排卧式储罐之间的防火间距不应小于 3m。设置充氮保护设备的液体储罐之间的防火间距可按浮顶储罐的间距确定。当单罐容积小于或等于 1000m³ 且采用固定冷却消防方式时，甲、乙类液体的地上式固定储罐之间的防火间距不应小于 0.6D。同时设有液下喷射泡沫灭火设备、固定冷却水设备和扑救防火堤内液体火灾的泡沫灭火设备时，储罐之间的防火间距可适当

表5-1-1　　　　　　　甲、乙、丙类液体储罐之间的防火间距

液体储罐			储罐形式				
			固定储罐			浮顶储罐	卧式储罐
			地上式	半地下式	地下式		
甲、乙类液体	单罐容量	$V \leqslant 1000m^3$	0.75D	0.5D	0.4D	0.4D	不小于0.8m
		$V > 1000m^3$	0.6D				
丙类液体		不论容量大小	0.4D	不限	不限	—	

减小，但地上式储罐不宜小于0.4D。闪点大于120℃的液体，当储罐容量大于1000m³时，其储罐之间的防火间距不应小于15m；当储罐容量小于或等于1000m³时，其储罐之间的防火间距不应小于2m。

（2）对小型甲、乙、丙类储罐成组布置时，在保证一定安全的前提下，更好地节约用地、节约管线，方便操作管理。组内储罐的单罐储量和总储量应大于表5-1-2的规定。

表5-1-2　　　　　甲、乙、丙类液体储罐分组布置的限量（m³）

类别	单罐最大储量	一组罐最大储量
甲、乙类液体	200	1000
丙类液体	500	3000

为防止火灾时火势蔓延扩大，利于扑救，减少损失，组内储罐的布置不应超过两排。甲、乙类液体立式储罐之间的防火间距不应小于2m，卧式储罐之间的防火间距不应小于0.8m。丙类液体储罐之间的防火间距不限。储罐组之间的防火间距应根据组内储罐的形式和总储量折算为相同类别的标准单罐，并按表5-1-2中的规定确定。如一组甲、乙类液体储罐总储量为950m³，其中100m³单罐2个，150m³单罐5个，则组与组的防火间距按小于或等于1000m³的单罐0.75D确定。

（3）甲、乙、丙类液体的地上式、半地下式储罐区的每个防火堤内，宜布置火灾危险性类别相同或相近的储罐。沸溢性液体储罐和非沸溢性液体储

罐不应布置在同一防火堤内。地上式、半地下式储罐与地下式储罐，不应布置在同一防火堤内，且地上式、半地下式储罐应分别布置在不同的防火堤内。

（4）可燃气体储罐或储罐区之间的防火间距。湿式可燃气体储罐之间、干式可燃气体储罐之间以及湿式与干式可燃气体储罐之间的防火间距不应小于相邻较大罐直径的1/2；固定容积的可燃气体储罐之间的防火间距不应小于相邻较大罐直径的2/3；固定容积的可燃气体储罐与湿式或干式可燃气体储罐之间的防火间距不应小于相邻较大罐直径的1/2。

（5）整个固定容积的可燃气体储罐的总容积大于 $2 \times 10^5 \, \text{m}^3$ 时，应分组布置。卧式储罐组与组之间的防火间距不应小于相邻较大罐长度的1/2。球形储罐组与组之间的防火间距不应小于相邻较大罐直径，且不应小于20m。

现行国家规范《石油天然气工程设计防火规范》（GB 50183 - 2015）中对储罐的防火间距给出了具体数值，见表5 - 1 - 3。

表5 - 1 - 3　　　　　　　　储罐间的防火间距（m）

火灾危险性类别	甲$_A$ 类	甲$_B$、乙$_A$ 类	乙$_B$、丙类
甲$_A$ 类	25		
甲$_B$、乙$_A$ 类	20	20	
乙$_B$、丙类	15	15	10

（二）设备、建（构）筑物间的防火间距

甲、乙、丙类液体储罐，可燃、助燃气体与道路的距离是根据汽车和拖拉机排气管至飞火对储罐的威胁确定的。据调查机动车辆的飞火影响范围远者为8～10m，近者为3～4m。由此确定甲、乙、丙类储罐和气体储罐与道路的防火间距，见表5 - 1 - 4。

表 5 - 1 - 4　　　　　　　储罐与道路的防火间距（m）

类别	厂外道路路边	厂内道路路边	
		主要	次要
甲、乙类液体储罐	20	15	10
丙类液体储罐	15	10	5
可燃、助燃气体储罐	15	10	5

（三）装置间防火间距

表 5 - 1 - 5 为装置间防火间距。由燃气轮机或天然气发动机直接拖动的天然气压缩机对明火或散发火花的设备或场所、仪表控制间等的防火间距按表中可燃气体压缩机或其厂房确定。对其他工艺设备及厂房、中间储罐的防火间距按表中明火或散发火花的设备或场所确定。表 5 - 1 - 5 中对中间储罐的总容量要求，全压力式液化石油气储罐应小于或等于 $100m^3$，甲$_B$、乙类液体储罐应小于或等于 $1000m^3$。当单个全压力式液化石油气储罐小于 $50m^3$，甲$_B$、乙类液体储罐小于 $100m^3$ 时，可按其他工艺设备对待。

表 5 - 1 - 5　　　　　　　装置间防火间距（m）

类别	明火或散发火花的设备或场所	仪表控制间、10kV 及以下的变配电室、化验室、办公室	可燃气体压缩机及其厂房	中间储罐		
				甲$_A$类	甲$_B$、乙$_A$类	乙$_B$、丙类
仪表控制间、10kV 及以下的变配电室、化验室、办公室	15					
可燃气体压缩机及其厂房	15	15				

续　表

类别		明火或散发火花的设备或场所	仪表控制间、10kV及以下的变配电室、化验室、办公室	可燃气体压缩机及其厂房	中间储罐		
					甲A类	甲B、乙A类	乙B、丙类
其他工艺设备及厂房	甲A类	22.5	15	9	9	9	7.5
	甲B、乙A类	15	15	9	9	9	7.5
	乙B、丙类	9	9	7.5	7.5	7.5	
中间储罐	甲A类	22.5	22.5	15			
	甲B、乙A类	15	15	9			
	乙B、丙类	9	9	7.5			

（四）五级油气场站总平面布置的防火间距

五级油气场站规模小、工艺流程较简单，火灾危险性小。

天然气场站值班休息室（宿舍、厨房、餐厅）距甲、乙类油品储罐不应小于30m，距甲、乙类工艺设备、容器、厂房、汽车装卸设施不应小于22.5m。当值班休息室朝向甲、乙类工艺设备、容器、厂房、汽车装卸设施的墙壁为耐火等级不低于二级的防火墙时，防火间距可减小（储罐除外），但不应小于15m，并应方便人员在紧急情况下安全疏散。

（五）其他附属设施

天然气密闭隔氧水罐和天然气放空管排放口与明火或散发火花地点的防火间距不应小于 25m，与非防爆厂房之间的防火间距不应小于 12m。加热炉附属的燃料气分液包、燃料气加热器等与加热炉的防火距离不限。燃料气分液包采用开式排放时，排放口距加热炉的防火间距应不小于 15m。

四、场站内部道路

（一）场站内部道路的布置

液化石油气储罐区，甲、乙、丙类液体储罐区和可燃气体储罐区，应设置消防车道。储量大于相关规定的储罐区，宜设置环形消防车道。

占地面积大于 30000m^2 的可燃材料堆场，应设置与环形消防车道相连的中间消防车道，消防车道的间距不宜大于 150m。液化石油气储罐区，甲、乙、丙类液体储罐区，可燃气体储罐区以及区内的环形消防车道之间宜设置连通的消防通道。供消防车取水的天然水源和消防水池应设置消防车道。

（二）场站内部道路要求

1. 道路尺寸

消防车道的净宽度不应小于 4.0m。一级场站内消防车道的路面宽度不宜小于 6m，若为单车道时，应有往返车辆错车通行的措施。供消防车停留的空地，其坡度不宜大于 3%。五级油气场站可设有回车场的尽头式消防车道，回车场的面积应按当地所配消防车辆车型确定，但不宜小于 15m×15m。现行国家规范《建筑设计防火规范》（GB 50016 – 2014）中规定，回车场的面积不应小于 12m×12m，供大型消防车使用时不宜小于 18m×18m。

2. 间距

当道路高出附近地面 2.5m 以上，且在距道路边缘 15m 范围内有工艺装置或可燃气体、可燃液体储罐及管道时，应在该段道路的边缘设护墩、矮墙等防护设施。储罐组消防车道与防火堤的外坡脚线之间的距离不应小于3m。储罐中心与最近的消防车道之间的距离不应大于80m。甲、乙类液体厂房设备距消防车道的间距不宜小于5m。

铁路装卸设施应设消防车道，消防车道应与场站内道路构成环形，受条件限制的，可设有回车场的尽头车道。消防车道与装卸栈桥的距离不应大于80m且不应小于15m。

3. 高度及转弯半径

消防车道的净空高度不应小于5m。一、二、三级燃气场站消防车道转弯半径不应小于12m，纵向坡度不宜大于8%。

五、场站内部绿化

场站内绿化不仅可以美化环境，改善小气候，同时还能减少环境污染，但绿化设计必须结合场站生产的特点。生产区应选择含水分较多的树种，不应种植含油脂多的树木，不宜种植绿篱或灌木丛。可燃液体罐组内地面及土筑防火堤坡面种植草皮可减少地面的辐射热，有利于减少油气损耗，有利于防火。草皮生长高度必须小于15cm，且能保持一年四季常绿。工艺装置区或储罐组与其周围的消防车道之间不应种植树木。为避免密度较大的燃气泄漏时就地积聚，液化石油气罐组防火堤或防护墙内严禁绿化。

第二节　场站消防设施的设置

场站消防设施的设置应根据其规模、燃气性质、存储方式、储存容量、储存温度、火灾危险性及所在区域消防站布局、消防站装备情况及外部协作条件等综合因素确定。对容量大、火灾危险性大、场站性质和所处地理位置重要、地形复杂的场站，应适当提高消防设施的标准。总之，应因地制宜，结合国情，通过技术及经济比较来确定，使节省投资和安全生产相统一。

集输气工程中的集气站、配气站、输气站、清管站、计量站及五级压气站、注气站、采出水处理站可不设消防给水设施，按规范要求设置一定数量的小型移动式灭火器材，扑灭火灾以消防车为主。

一、消防站

（一）消防站的选址要求

消防站设置首先考虑救援力量的安全，以便在发生火灾时或紧急情况下能迅速出动，因此消防站的选址应位于重点保护对象全年最小频率风向的下风侧，交通方便、靠近公路。消防站与油气场站甲、乙类储罐区的距离不应小于200m；与甲、乙类生产厂房、库房的距离不应小于100m。主体建筑距医院、学校、幼儿园、托儿所、影剧院、商场、娱乐活动中心等容纳人员较多的公共建筑的主要疏散口应大于50m，且便于车辆迅速出动的地段。消防车库大门应朝向道路。从车库大门墙基至城镇道路规划红线的距离规定为：二、三级消防站不应小于15m；一级消防站不应小于25m；加强消防站、特勤消防站不应小于30m。

（二）消防站及消防车的设置

消防站和消防车的设置应体现重要场站与一般场站区别对待，东部地区与西部地区区别对待的原则。重要场站，站内设置固定消防系统，同时按区域规划要求在其附近设置等级不低于二级的消防站，确保其安全。一般场站内设固定消防系统，并考虑适当的外部消防协作力量。站内消防车是站内义务消防力量的组成部分，可以由生产岗位人员兼管，并可参照消防泵房确定站内消防车库与生产设施的距离。消防站的详细设计可参照《城市消防站建设标准》（建标152－2017）执行。

气田消防站应根据区域规划设置，并应结合场站火灾危险性大小、邻近的消防协作条件和所处地理环境划分责任区。一、二、三级燃气场站集中地区应设置等级不低于二级的消防站。三级及以上燃气场站内设置固定消防系统时，可不设消防站。如果邻近消防协作力量不能在 30 分钟内到达，在人烟稀少、条件困难地区，邻近消防协作力量的到达时间可酌情延长，但不得超过消防冷却水连续供给时间，气田三级天然气净化厂配 2 台重型消防车。输气管道的四级压气站设置固定消防系统时，可不设消防站和消防车。

（三）消防站建筑设计要求

消防站的建筑面积应根据所设站的类别、级别、使用功能等有利于执勤战备、方便生活、安全使用等原则合理确定。消防站建筑物的耐火等级应不小于二级。

消防车库设置备用车位及修理间、检车地沟。修理间与其他房间应用防火墙隔开，且不应与火警调度室毗邻。消防车库应有排除发动机废气的设施。滑竿室通向车库的出口处应有废气阻隔装置。消防车库应设有供消防车补水用的室内消火栓或室外水鹤。消防车库大门开启后，应有自动锁定装置。

消防站的供电负荷等级不宜低于二级，并应设配电室。有人员活动的场所应设紧急事故照明。消防站车库前公共道路两侧 50m，应安装提醒过往车辆注意避让消防车辆出动的警灯和警铃。

（四）消防站装备

天然气储配站和管道发生的火灾，具有热值高、辐射热强、扑救难度大的特点。实践证明，扑救这类火灾需要载重量大、供给强度大、射程远的大功率消防车。

（五）灭火剂配备要求

独立消防站所配车辆的最大灭火剂总载荷，应是扑救重点保卫对象一处火灾的最低需要量。消防站一次车载灭火剂最低总量应符合具体的要求。按照一次车载灭火剂总量 1：1 的比例保持储备量，若邻近消防协作力量不能在 30 分钟内到达，储备量应增加 1 倍。

二、消防给水

消防用水可由给水管道、消防水池或天然水源供给，应满足水质、水量、水压、水温要求。当利用天然水源时，应确保枯水期最低水位时消防用水量的要求，并设置可靠的取水设施。

（一）消防供水管道的类型

场站内的消防供水管道有两种类型：一种是敷设专用的消防供水管，另一种是消防供水管道与生产、生活给水管道合并。专用消防供水管道由于长期不使用，管道内的水质易变质。另外，由于管理工作制度不健全，特别是寒冷地区，有的专用消防供水管道被冻裂。如采用合并式管道，既可解决上述问题，又可节省建设投资。消防用水与生产、生活给水合用一个给水系统，系统供水量应为 100% 消防用水量与 70% 生产、生活用水量之和。

（二）消防给水管网

储罐区和天然气处理厂装置区的消防给水管网应布置成环状，并应采用易识别启闭状态的阀门将管网分成若干独立段，每段内消火栓的数量不宜超过 5 个。从消防泵房至环状管网的供水干管不应少于 2 条，当其中一条发生故障时，其余干管仍能供给消防总用水量。其他部位可设枝状管道。储罐区在场站中火灾危险性最大，环状管网彼此相通，双向供水安全可靠。寒冷地区的消火栓井、阀井和管道等有可靠的防冻措施。采用半固定低压制消防供水的场站，如条件允许宜设 2 条站外消防供水管道。

（三）消防用水量

室外消防用水量应为厂房（仓库）、储罐（区）、堆场室外设置的消火栓、水喷雾、水幕、泡沫等灭火系统等需要同时开启时的用水量之和。

1. 可燃气体储罐消防用水量

可燃气体储罐（区）的室外消防用水量不应小于表 5 - 2 - 1 中的规定数值，表 5 - 2 - 1 中固定容积的可燃气体储罐的总容积按其几何容积（m³）和设计工作压力（绝对压力，Pa）的乘积计算得出。

表 5 - 2 - 1　　　　　　可燃气体储罐（区）的室外消防用水量

储罐（区）容积/m³	消防用水量/L·s⁻¹	储罐（区）容积/m³	消防用水量/L·s⁻¹
$0.05 \times 10^4 < V \leq 1 \times 10^4$	15	$10 \times 10^4 < V \leq 20 \times 10^4$	30
$1 \times 10^4 < V \leq 5 \times 10^4$	20	$V > 20 \times 10^4$	35
$5 \times 10^4 < V \leq 10 \times 10^4$	25		

2. 甲、乙、丙类液体储罐（区）的室外消防用水量

甲、乙、丙类液体储罐（区）的室外消防用水量应按灭火用水量和冷却用水量之和计算。

（1）灭火用水量应按罐区内最大罐所应配套的泡沫灭火系统、泡沫炮和泡沫管枪灭火所需的灭火用水量之和确定，并应按现行国家规范《泡沫灭火系统设计规范》（GB 50151 - 2010）或《固定消防炮灭火系统设计规范》（GB 50338 - 2016）的规定计算。

（2）冷却用水量应按储罐区一次灭火最大需水量计算。距着火罐罐壁 1.5 倍直径范围内的相邻储罐应进行冷却，其冷却水的供给范围和供给强度不应小于具体的规定。当相邻罐采用不燃材料作绝热层时，冷却水供给强度可按规定减少 50%。储罐可采用移动式水枪或固定式设备进行冷却。采用移动式水枪进行冷却时，无覆土保护的卧式罐的消防用水量，当计算出小于 15L/s 时，仍应采用 15L/s。地上储罐的高度大于 15m 或单罐容积大于 2000m³ 时，宜采用固定式冷却水设施。

3. 天然气生产装置区的消防用水量

天然气生产装置区的消防用水量应根据燃气场站设计规模、火灾危险类别及固定消防设施的设置情况等综合考虑确定，但不应小于相关的规定。火灾延

续供水时间按 3 小时计算。生产规模小于 $5 \times 10^5 \, m^3/d$ 的天然气净化厂和五级天然气处理厂，也可不设消防给水设施。

（四）消防水池（罐）

当没有消防给水管道或消防给水管道不能满足消防水量和水压等要求时，应设置消防水池储存消防用水。

1. 消防水池（罐）设置要求

（1）当水池（罐）的容量超过 $1000 \, m^3$ 时应分设成两座，以便在检修、清池（罐）时能保证有一座水池（罐）正常供水。设有火灾自动报警装置、灭火及冷却系统，操作采取自动化程序控制的场站，消防水池（罐）的补水时间不超过 48 小时；设有小型消防系统的场站，水池（罐）的补水时间不应超过 96 小时。

（2）消防车从消防水池取水，距消防保护对象的距离根据消防车供水最大距离确定。因此，供消防车取水的消防水池（罐）的保护半径不应大于 150m。

（3）供消防车取水的消防水池应设置取水口或取水井，且吸水高度不应大于 6.0m。取水口或取水井与建筑物（水泵房除外）的距离不宜小于 15m，与甲、乙、丙类液体储罐的距离不宜小于 40m，与液化石油气储罐的距离不宜小于 60m，如采取防止辐射热的保护措施时，可减为 40m。

2. 消防水池（罐）容量

消防水池（罐）的有效容量应满足在火灾延续时间内消防用水量之和。水池（罐）的容量应同时满足最大一次火灾灭火和冷却用水要求，为灭火连续供给时间和消防用水量的乘积。在火灾情况下能保证连续补水时，消防水池（罐）的容量可减去火灾延续时间内补充的水量。不同场所的火灾延续时间按相关的规定计算。补水管的设计流速不宜大于 2.5m/s。

3. 消防水池（罐）与生产、生活用水池合用时的技术措施

当消防水池（罐）和生产、生活用水池（罐）合并设置时，应采取确保消防用水不作他用的技术措施，如将给水、注水泵的吸水管入口置于消防用水高水位以上，或将给水、注水泵的吸水管在消防用水高水位处打孔等，以确保消防用水的可靠性。在寒冷地区专用的消防水池（罐）应采取防冻措施。

（五）消防泵房

消防泵房分消防供水泵房和消防泡沫供水泵房两种。中、小型场站一般只设消防供水泵站，不设消防泡沫供水泵房；大型场站通常设消防供水泵房和消防泡沫供水泵房两种。消防泵房值班室应设置对外联络的通信设施。

1. 消防泵房设置

（1）泵房规模

确定泵房规模时，消防冷却供水泵房和泡沫供水泵房可以合建，并考虑泡沫供水泵和冷却供水泵均应满足扑救场站可能的最大火灾时的流量和压力要求。

（2）泵房位置

消防泵房距离储罐区太近，罐区火灾将威胁消防泵房；离储罐区太远将会延迟冷却水和泡沫液抵达着火点的时间，增加占地面积。因此，消防泵房的位置应保证启泵后 5 分钟内，将泡沫混合液和冷却水送到任何一个着火点。而且消防泵房的位置宜设在油罐区全年最小频率风向的下风侧，其地坪宜高于油罐区地坪标高，并应避开油罐破裂可能波及的部位。消防泵房还应采用耐火等级不低于二级的建筑，并应设直通室外的出口，采用甲级防火门。

2. 消防泵组的设计要求

为了确保消防泵在发生火灾时能及时启动，在消防泵的供水系统设计时采取以下措施：

（1）一、二、三级场站消防冷却供水泵和泡沫供水泵均应设备用泵，消防冷却供水泵和泡沫供水泵的备用泵性能应与各自最大一台操作泵相同。当储罐的室外消防用水量小于等于25L/s时，可不设置备用泵。

（2）消防管道长时间不用因被腐蚀而破裂，如吸水和出水均为 2 条时，就能保证消防时有 1 条可正常工作，且当其中 1 条发生故障时，其余的也能通过全部水量。

（3）为了争取灭火时间，一组水泵宜采用自灌式引水，并应在吸水管上设置检修阀门。当采用负压上水时，每台消防泵应有单独的吸水管。

（4）消防泵设置自动回流管的目的是当消防系统只用 1 支消火栓，供水量低时，防止消防水泵超压引起故障。同时，也便于定期对消防泵做试车检查，自动回流系统采用安全泄压阀自动调节回流水量。

（5）对于经常启闭、直径大于 300mm 的阀门，为了便于操作采用电动阀或气动阀。为防止停电、停气时不能启闭，应能手动操作。

（6）出水管上应设置试验和检查用的压力表和 DN65 的放水阀门。当存在超压可能时，出水管上应设置防超压设施。

（7）消防水泵应保证在火警后 30 秒内启动。消防水泵与动力机械应直接连接。

（六）消火栓

1. 消火栓的布置

为了实际操作时不会阻碍消防车在消防道路上的行驶，消火栓应沿道路布置，油罐区的消火栓应设在防火堤与消防道路之间，距路边宜为 1~5m，并应有明显标志。

2. 消火栓数量

消火栓的设置数量应根据消防方式和消防用水量计算确定。通常 1 个消火栓供一辆消防车或 2 支口径 19mm 水枪用水。因此，每个消火栓的出水量按 10~15L/s 计算。当罐区采用固定式冷却水系统时，在罐区四周应设消火栓，目的是在罐上固定冷却水管被破坏时，给移动式灭火设备供水。当采用半固定冷却系统时，消火栓的使用数量应由计算确定，但距罐壁 15m 以内的消火栓不应计算在该储罐可使用的数量内。考虑到消防车停靠等要求，两个消火栓的间距不宜小于 10m。

3. 消火栓的水压和水量

（1）采用高压制消防供水时，其水源无论是由气田给水干管供给，还是由场站内部消防泵房供给，消防供水管网最不利点消火栓的出口水压和水量，应满足在各种消防设备扑救最高储罐或最高建（构）筑物火灾时的要求。

（2）采用低压制消防供水时，由消防车或其他移动式消防水泵提升灭火所需的压力，为保证管道内的水能进入消防车储水罐，低压制消防供水管道最不利点消火栓的出口水压应保证不小于0.1MPa（10m水柱）。

（3）液化石油气储罐区的水枪出口压力：球形储罐不应小于0.35MPa，卧式储罐不应小于0.25MPa。

4. 消火栓的栓口

低压制消火栓主要为消防车供水，应有100mm出口；高压制消火栓主要通过水龙带为消防设备直接供水，应有两个直径为65mm的出口。因此，给水枪供水时，室外地上式消火栓应有3个出口，其中1个直径为150mm或100mm，其他2个直径为65mm；室外地下式消火栓应有2个直径为65mm的栓口。给消防车供水时，室外地上式消火栓的栓口与给水枪供水时相同；室外地下式消火栓应有直径为100mm和65mm的栓口各1个。

5. 水带箱

（1）给水枪供水时消火栓旁应设水带箱，箱内应配备2~6盘直径65mm、每盘长度20m、带快速接口的水带和2支入口直径65mm、喷嘴直径19mm水枪及一把消火栓钥匙。水带箱距消火栓不宜大于5m。

（2）采用固定式灭火时泡沫栓旁也应设水带箱，箱内应配备2~5盘直径65mm、每盘长度20m、带快速接口的水带和1支PQ8（混合液流量为8L/s）或PQ4型泡沫管枪及泡沫栓钥匙。水带箱距泡沫栓不宜大于5m。

三、装置区、建筑物及装卸站台消防设施

（一）装置区消防设施

1. 固定水炮

三级天然气净化厂生产装置区的高大塔架及其设备群宜设置固定水炮，其

设置位置距离保护对象不宜小于 15m，水炮的水量不宜小于 30L/s。水炮的喷嘴宜为直流水雾两用喷嘴，以便于分别保护高大危险设备和地面上的危险设备群。

2. 灭火器

灭火器轻便灵活机动，易于掌握使用，适于扑救初期火灾，防止火灾蔓延，因此，场站内应配置灭火器。

灭火器应设置在位置明显和便于取用的地点，且不得影响安全疏散。对有视线障碍的灭火器设置点应有指示其位置的发光标志。灭火器的摆放应稳固，其铭牌应朝外。手提式灭火器宜设置在灭火器箱内或挂钩、托架上，其顶部离地面高度不应大于 1.5m，底部离地面高度不宜小于 0.8m。灭火器箱不得上锁。灭火器不宜设置在潮湿或强腐蚀性的地点，当必须设置在这些地点时应有相应的保护措施。灭火器设置在室外时，也应有相应的保护措施。灭火器不得设置在超出其温度范围的地点。灭火器的最大保护距离应符合规定要求：燃气生产装置区手提式灭火器最大保护距离不应超过 9m，推车式灭火器最大保护距离不应超过 18m。同一场所应选用灭火剂相容的灭火器，选用灭火器时还应考虑灭火剂与当地消防车采用的灭火剂相容。燃气压缩机房相对比较重要，应配置推车式灭火器。燃气场站内建（构）筑物应配置灭火器，其配置类型和数量按现行国家规范《建筑灭火器配置设计规范》（GB 50140－2005）的规定确定，油气场站的甲、乙、丙类液体储罐区当设有固定式或半固定式消防系统时，固定顶罐配置灭火器可按应配置数量的 10% 设置，浮顶罐按应配置数量的 5% 设置。当储罐组内储罐数量超过 2 个时，灭火器配置数量应按其中 2 个较大储罐计算确定。但每个储罐配置手提式灭火器的数量不宜少于 1 个，多于 3 个，所配灭火器应分组布置。露天生产装置当设有固定式或半固定式消防系统时，按应配置数量的 30% 设置。

（二）燃气场站建筑物消防设施

1. 消防给水

天然气生产厂房、库房内消防设施的设置应根据物料性质、操作条件、火灾危险性、建筑物体积及外部消防设施的设置情况等综合考虑确定。室外设有消防给水系统且建筑物体积不超过 5000m³ 的建筑物，可不设室内消防给水。

2. 灭火器

天然气四级压气站和注气站的压缩机厂房内宜设置气体、干粉等灭火设施，其设置数量应符合现行国家规范《建筑灭火器配置设计规范》（GB 50140 - 2005）的有关规定。

天然气生产装置采用计算机控制的集中控制室和仪表控制间，应设置火灾报警系统和手提式、推车式气体灭火器。

3. 自动报警设施

天然气、液化石油气生产装置区及厂房内宜设置火灾自动报警设施，并宜在装置区和巡检通道及厂房出入口设置手动报警按钮。

（三）装卸栈台消防设施

LPG 列车或汽车槽车一旦在装卸过程中发生泄漏，如不能及时保护，可能发生灾难性爆炸事故，因此，火车、汽车装卸液化石油气栈台宜设置消防给水系统和干粉灭火设施。火车消防冷却水量不应小于 45L/s；汽车装卸液化石油气栈台冷却水量不应小于 15L/s，二者冷却水连续供水时间不应小于 3 小时。

四、液化石油气储罐区消防设施

（一）消防设施的设置

液化石油气罐区总容量大于 50m³ 或单罐容量大于 20m³ 时，所需的消防冷却水量较大，只靠移动式系统难以胜任，所以需设置固定式消防冷却水系统，即由固定消防水池（罐）、消防水泵、消防给水管网及储罐上设置的固定冷却水喷淋装置组成的消防冷却水系统，同时辅助设置水枪（水炮）。燃烧区周围也需用水枪加强保护，以稀释惰化及搅拌蒸气云，使之安全扩散，防止泄漏的LPG爆炸着火。因此，燃烧区的周围设置消火栓，并且消火栓的设置数量和工作压力要满足规定的水枪用水量。当高速扩散火焰直接喷射到局部罐壁时，该局部需要较大的供水强度，此时应采用移动式水枪、水炮的集中水流加强冷却局部罐壁。

液化石油气罐区设置固定式消防冷却水系统时，其消防用水量应按储罐固定式消防冷却用水量与移动式水枪用水量之和计算。设置半固定式消防冷却水系统（场站设置固定消防给水管网和消火栓，火灾时由消防车或消防泵加压，通过水带和水枪喷水冷却的消防冷却水系统）时，消防用水量不应小于20L/s。总容量不大于50m³或单罐容量不大于20m³的储罐区，着火的可能性相对较小，特别是发生沸液蒸气爆炸的可能性小，着火后需冷却的储罐数量少、面积小时可设置半固定式消防冷却水系统。埋地的液化石油气储罐可不设固定喷水冷却装置。

（二）固定喷水冷却装置

为了使储罐达到较好的冷却效果，液化石油气球形储罐固定喷水冷却装置宜采用喷雾头。卧式储罐固定喷水冷却装置宜采用喷淋管。消防冷却水系统的控制阀应设于防火堤外且距罐壁不小于15m的地方，同时控制阀至储罐间的冷却水管道设过滤器。储罐固定喷水冷却装置的喷雾头或喷淋管的管孔布置，应保证喷水冷却时将储罐表面全覆盖（含储罐的支撑、液位计、阀门等重要部位），并应符合现行国家规范《水喷雾灭火系统技术规范》（GB 50219 – 2014）的规定。储罐固定喷水冷却装置出口的供水压力不应小于0.2MPa。

对于液化石油气站内灭火器的设置除符合一般规定外，现行国家规范《石油天然气工程设计防火规范》（GB 50183 – 2015）给出了详细规定。除此之外，还应符合现行国家规范《建筑灭火器配置设计规范》（GB 50140 - 2005）的规定。

第三节 场站消防构筑物的设计

本节所指消防构筑物主要是罐区的防火堤、防护墙、隔堤和隔墙。只有防火堤和防护墙才具有储罐发生泄漏事故时防止液体外流的功能，而隔堤不具备这项功能。若隔堤与防火堤具有相同的功能，由于隔堤可能分别受到两个方向的液体压力，其截面的结构尺寸将比防火堤大得多，这在经济上是不合理的。防火堤和防护墙能使燃烧的流散液体限制在防火堤内，给扑救火灾创造有利条件，即发生火灾事故时可以防止液体外溢流散而使火灾蔓延扩大，减少损失。防火堤主要用于全冷冻式储罐（在低温和常压下盛装液化石油气的储罐）区，防护墙主要用于全压力式球罐区。防护堤、防护墙的设计主要参照现行国家规范《储罐区防火堤设计规范》（GB 50351 - 2014）和《建筑设计防火规范》（GB 50016 - 2014）。

一、防火堤、防护墙

设置防火堤和防护墙的目的是发生火灾时确保液体不外泄，人员能够安全撤离，消防人员便于灭火工作。因此，必须确保防火堤和防护墙建筑材料的安全性和墙体的密闭性。

防火堤用于常压液体储罐组，在油罐和其他液态危险品储罐发生泄漏事故时，它是防止液体外流和火灾蔓延的构筑物。用于在常压条件下，由低温使气态变成液态物质的储罐组时，防火堤称为围堤。防护墙则是用于常温条件下，通过加压使气态变成液态物质的储罐组，在发生泄漏事故时，防止下沉气体外溢的构筑物。

（一）防火堤、防护墙设计要求

1. **防火堤、防护墙材料**

储罐区发生泄漏和火灾时，火场温度达到1000℃以上，防火堤和防护墙只有采用不燃烧的材料建造才能抵抗这种高温，便于消防灭火工作的进行。因此，防火堤、防护墙必须采用不燃烧材料建造。

2. **密闭性**

防火堤和防护墙的密闭性是对其的基本要求。现场调研发现，许多储罐区的防火堤的堤身有明显的裂缝，或温度缝处理得不封闭，或管道穿堤处没有密封。这些现象导致防火堤不严密，一旦发生事故，后果不堪设想。因此，进出储罐组的各类管线、电缆宜从防火堤、防护墙顶部跨越或从地下穿过。当必须穿过防火堤、防护墙时，应设置套管并采取有效的密封措施，也可采用固定短管且两端采用软管密封连接的形式。当管道为易燃及可燃材质时，应在防火墙两侧的管道上采取防火措施。

3. **消防构筑物附属设施**

每一储罐组的防火堤、防护墙应设置不少于2处越堤人行踏步或坡道，并设置在不同方位上。防火堤内侧高度大于或等于1.5m时，应在两个人行踏步或坡道之间增设踏步或逃逸爬梯。

4. **消防通道及防火堤、防护墙内地面**

相邻液化石油气储罐组的防火堤之间，应设消防车道。全压力式和全冷冻式储罐组的防火堤和防护墙内的地面应予以铺砌，并宜设置不小于0.5%的坡度。储存酸、碱等腐蚀性介质的储罐组内的地面应做防腐蚀处理。

（二）防火堤、防护墙内储罐布置

全压力式储罐组总容量不应超过$2 \times 10^4 m^3$，储罐组内储罐数量不应多于12座。全冷冻式储罐组容量不应超过$3 \times 10^4 m^3$，储罐组内储罐数量不应多于2座。失火时便于扑救，防火堤、防护墙内的储罐布置不宜超过2排，如布置超过 2 排，当其中 1 排储罐发生事故时，将对两边储罐造成威胁，必然会给扑救带来较大困难。对于单罐容量小于或等于 1000m³ 且闪点大于 120℃ 的液体储罐，由于其体形较小、高度较低，若中间 1 排储罐发生事故是可以进行扑救的，同时还可以节省用地，故规定可不超过 4 排。

（三）防火堤、防护墙设计间距

1. 防火堤、防护墙与排水设施的间距

沿无培土的防火堤内侧修建排水沟时，沟壁的外侧与防火堤内堤脚线（防火堤内侧或其边坡与防火堤内设计地面的交线）的距离不应小于 0.5m。沿土堤或内培土的防火堤内侧修建排水沟时，沟壁的外侧与土堤内侧或培土基脚线的距离不应小于 0.8m，且沟内应有防渗漏的措施。沿防护墙修建排水沟时，沟壁的外侧与防护墙内堤脚线的距离不应小于 0.5m。

2. 防火堤距储罐的距离

全压力式储罐防火堤内侧基脚线至立式储罐外壁的水平距离不应小于罐壁高度的 1/2。防火堤内侧基脚线至卧式储罐的水平距离不应小于 3m。全冷冻式液化石油气储罐罐壁与防火堤内堤脚线的距离不应小于储罐最高液位高度与防火堤高度（由防火堤外侧消防道路路面至防火堤顶面的垂直距离）之差。

（四）防火堤、防护墙的设计容量及设计高度

1. 防火堤、防护墙的有效容量

防火堤的有效容量不应小于其中最大储罐的容量，对于浮顶罐，防火堤的有效容量可为其中最大储罐容量的 1/2。

2. 防火堤、防护墙设计高度

防火堤的设计高度应比计算高度高出 0.2m，且其高度应为 1.0～2.2m。全压力式液化石油气储罐组的防护墙高度宜为 0.6m。

二、隔堤、隔墙

隔堤是用于减少防火堤内储罐发生少量泄漏（如冒顶）事故时生物污染范

围，而将一个储罐组分隔成若干个分区的构筑物。当储罐内为低温液体时，为减小液体骤变成气体前的影响范围，而将一个储罐组分隔成若干个分区的隔堤也称为隔堰。当用于通过加压使气态变为液态物质的储罐组时，称为隔墙。

储罐组内设置隔堤、隔墙的目的是当储罐发生事故时，把这些事故控制在较小的范围内，使污染及扑救在尽可能小的范围内进行，以减少损失。

全压力式液化石油气储罐组，当单罐容量小于 5000m³，且储罐组总容量不大于 6000m³ 时，可不设隔墙。当单罐容量小于 5000m³，且储罐组总容量大于 6000m³ 时，应设置隔墙，隔墙内储罐容量之和不应大于 6000m³。当单罐容量大于或等于 5000m³ 时，应每罐一隔。全冷冻式储罐组应每罐一隔。

全压力式液化石油气储罐组的隔墙高度宜为 0.3m。

隔堤和隔墙必须采用不燃材料建造。隔堤和隔墙亦应设置人行踏步或坡道。

第六章

燃气企业安全运行管理

燃气企业安全管理的目标是保证企业无事故运行。对事故的狭义理解往往把整个安全工作偏重于火灾、火险，认定爆炸、火灾才算是燃气事故，这是燃气企业内部事故的外部表象和失控恶化，其核心还是管理、技术和人员素质的缺陷。事故应该是广义的，不仅是火灾、爆炸，也包含人身事故、设备事故、质量事故、技术事故、工艺事故、信息事故，等等。只有所有这些方面都正常工作，才能认为燃气企业此时此刻保持了一种状态，即企业现实安全。安全是动态的，如果将安全看成是静态的，就会就事论事地对待安全管理，难以在生产经营活动的变化中发现内部联系以及薄弱环节，采取有效措施来杜绝事故苗头，只能忙乱于事后检查。

第一节　燃气场站安全运行管理

一、储配站投运

储配站（包括门站）是接收、储存和分配供应燃气的基地，一般由储气罐、加压机房、灌装间、调压计量间、加臭间、变电室、配电间、控制室、消防泵房、消防水池、锅炉房、车库、修理间、储藏室以及生产和生活辅助设施等组成。储配站、门站投产与运行中的有关安全技术问题要从新站的验收和投运两方面考虑。

（一）新站的验收

1. **新站验收程序**

（1）审查设计图纸及有关施工安装的技术要求和质量标准；

（2）审查设备、管道及阀件、材料的出厂质量合格证书，非标设备加工质量鉴定文件，施工安装自检记录文件；

（3）工程分项外观检查；

（4）工程分项检验或试验；

（5）工程综合试运转；

（6）返工复检；

（7）工程竣工验收，合格证书签署。

2. **资料验收**

（1）工程依据文件

包括项目建议书、可行性研究报告、项目评价报告、批准的设计任务书、初步设计、技术设计、施工图、工程规划许可证、施工许可证、质量监督注册文件、报建审核书、招标文件、施工合同、设计变更通知单、工程量清单、竣工测量验收合格证、工程质量评估报告等。

（2）交工技术文件

包括施工单位资质证书、图纸会审记录、技术交底记录、工程变更单、施工组织设计、开工与竣工报告、工程保修书、重大质量事故分析处理报告、材料与设备出厂合格证及检验报告、各种施工记录、综合材料明细表、竣工图（如总平面图、总工艺流程图、工艺管道图、储罐加工与安装图、土建施工图、给排水与消防设施安装图、采暖及通风施工图）等。

（3）检验合格记录

包括测量记录、隐蔽工程记录、沟槽开挖及回填记录、防腐绝缘层检验合格记录、焊缝无损检测及外观检验记录、试压合格记录、吹扫与置换记录、设备安装调试记录、电气与仪表安装测试记录等。

3. 管道验收

管道施工完毕后，除应进行管道沟槽检验、管道敷设质量检验、连接（焊接）质量检验外，还应进行管道系统吹扫，强度和严密性试验。

（1）管道系统吹扫

管道应按工艺要求分段进行吹扫，每次吹扫管道的长度不宜超过 500m。吹扫管段内设有的孔板、过滤器、仪表等设备应拆除，妥善保管，待吹扫后复位。不允许吹扫的设备应与吹扫系统隔离。对吹扫管段要采取临时稳固措施，以保证其在吹扫时不发生位移或强烈振动。吹扫口位置应选择在允许排放污物的较空旷地段，不危及周围人和物的安全。吹扫口应安装临时控制阀门，阀门按出口中心线偏离垂直线 30°～45°朝空安装。吹扫介质可采用压缩空气，且应有足够的压力和流量。吹扫压力不得大于设计压力，吹扫流速不小于 20m/s。吹扫顺序应从干管到支管，吹扫出的污物、杂物严禁进入设备和已吹扫过的管道。吹扫时可用锤子敲打管道，对焊缝、弯头、死角、管底等部位应重点敲打，但不得损伤管道及防腐层。吹扫应反复数次，直至在要求的吹扫流速下管道内无杂物的碰撞声，在排气口用白布或涂有白漆的靶板检查，5 分钟内白布或白靶板上无铁锈、尘土、水分及其他污物或杂物，则吹扫合格。吹扫合格后，应用盲板或堵板将管道封闭，除必需的检查及恢复工作外，不得进行影响管道内清洁的其他作业。吹扫结束后应将所有暂时加以保护或拆除的管道附件、设备、仪表等复位安装并检验合格。

（2）管道强度试验

管道吹扫合格后，即可进行强度试验。强度试验管段一般限于 10km 以内。管道试验时应连同阀门及其他管道附件一起进行。当管道设计压力 $p_N \leqslant$ 4.0MPa 时，试验管段最大长度为 1km；当设计压力为 $0.4MPa < p_N \leqslant 1.6MPa$ 时，试验管段最大长度为 5km；当设计压力为 $1.6MPa < p_N \leqslant 4.0MPa$ 时，试验管段最大长度为 10km。

试验压力可根据管道设计压力确定，当管道设计压力为 $0.01 \sim 0.8MPa$ 时，采用压缩空气进行强度试验，强度试验压力为 $1.5p_N$，且不得小于 0.4MPa。当管道设计压力为 $0.8 \sim 4.0MPa$ 时，应用清洁水进行强度试验，强度试验压力为 $1.5p_w$。除聚乙烯管（SDR17.6）的试验压力不小于 0.2MPa 外，其他均不小于 0.4MPa。

进行强度试验时，压力应逐步缓升，首先升至试验压力的 50%，应进行初检，如无泄漏、异常，继续升压至试验压力，稳压 1 小时后，观察压力计不应少于 30 分钟，无压力降为合格。

（3）严密性试验

严密性试验介质宜采用空气。当设计压力 $p_N < 0.01MPa$ 时，试验压力应为 0.1MPa；当设计压力为 $0.01MPa \leqslant p_N \leqslant 0.8MPa$ 时，试验压力应为设计压力的 1.15 倍，但不小于 0.1MPa；当设计压力为 $0.8MPa < p_N \leqslant 4.0MPa$ 时，严密性试验压力为管道的工作压力。

试验步骤与方法同样应符合现行规范《城镇燃气输配工程施工及验收规范》（CJJ 33 - 2005）的规定。气密性试验的允许压力降由管道内的设计压力决定。

4. 设备与设施验收

（1）燃气储罐验收

燃气储罐最常见的是湿式储气罐、圆筒形钢制焊接干式储气罐、球形和卧式定容储罐，其验收内容因结构不同而不同。

①湿式储气罐。验收内容包括基础验收、焊接质量检验、水槽注水试验、升降试验、罐体气密性试验等。验收方法、步骤和要求应符合现行规范《金属焊接结构湿式气柜施工及验收规范》（HG/T 20212－2017）的规定。

②圆筒形钢制焊接干式储气罐。验收内容包括基础验收、焊缝检验、升降试验、罐体气密性试验和基础沉降测量等。验收方法、步骤和要求应符合现行规范《立式圆筒形钢制焊接储罐施工及验收规范》（GB 50128－2014）的规定。

③球形储罐。验收内容包括基础验收、零部件检查与安装验收、焊接与焊缝检验、热处理、水压强度试验、气密性试验和基础沉降测量等。验收方法、步骤和要求应符合现行规范《球形储罐施工及验收规范》（GB 50094－2010）的规定。

④卧式定容储罐。验收内容包括基础验收、储罐安装验收、水压强度试验、气密性试验等。验收方法、步骤和要求可参照现行规范《球形储罐施工及验收规范》（GB 50094－2010）的规定。

（2）机泵房设备验收

机泵房设备主要是压缩机和液体泵（如加压机、烃泵，简称机泵）。验收内容包括设备一般检查、试运转和试车。

①机泵房设备一般检查。检查机泵及附属设备应有的产品说明书和质量合格证书，机泵房燃气工艺流程是否符合设计要求，设备基础及安装位置，管道系统是否完整，有无错装与漏装，机泵的润滑系统、冷却系统和设备性能是否满足工艺要求等。

②机泵试运转。检查配电设施是否正常、完好，是否符合防爆技术要求，机泵设备各部件连接、调整是否符合要求，机泵设备关键部位、安全防护装

置、安全附件是否安装正确且正常完好，人工盘动设备可转动部件有无卡涩现象等。

③机泵设备试车。机泵设备试车包括无负荷试车、半负荷试车和满负荷试车，检查是否正常。

（3）调压计量站设备验收

调压计量站设备验收包括站内调压设备及计量设备出厂合格证和设备清洗加油记录、阀门泄漏试验、仪表的调整和标定、强度试验、气密性试验和通气置换等。

（4）消防设施验收

消防设施验收包括站内消防疏散通道、疏散指示标志、禁火标志、防火间距、防火墙、消防水池、消防水泵房、消防给水装置和固定灭火装置、通风及排烟装置、火灾自动报警装置、自动喷淋装置和移动式灭火器材等。消防设施的检查验收应符合设计图纸和现行规范《建筑设计防火规范》（GB 50016－2014）的规定。

（5）配电设备验收

配电设备验收包括站内配送电设备与电气元器件产品合格证书、配电房设备安装、防爆电气设备与线路安装、防雷装置、接地和接零装置、防静电系统、室内外照明、应急照明和备用电源发电机组安装等。其检查验收应符合设计图纸和《电气装置安装工程 接地装置施工及验收规范》（GB 50169－2016）的规定。

（6）监测、监视设备验收

监测、监视设备验收包括自动报警装置、工艺系统运行参数传输装置、监视器、中控室设备的安装和调试等。其检查验收应符合设计图纸和相关技术规范的规定。

（7）土建工程验收

土建工程包括站内的建（构）筑物、站外护坡及消防隔离带等。站内包括车间厂房、办公楼、门卫室、道路、场地（包括不发火花地面）、围墙、排水排洪沟等。其检查验收应符合设计图纸和现行规范《建筑工程施工质量验收统一标准》（GB 50300－2013）和其他相关技术规范的规定。

（二）新站的投运

1. 新站投运前的准备工作

门站、储配站建成验收合格后，在确定已具备投运的前提条件下，首先必须制订投运方案。投运方案主要包括以下内容：成立投运组织机构，做好人员安排和培训，并分工负责，落实指挥和操作具体事项；做好物料、器材、工具等物资准备；制订应急措施，防止投运时意外事故的发生；确定投运系统范围，并作出系统图；制订置换方案，确定置换顺序，安排放置位置，分段进行置换；置换完毕后，系统处于带气状态，再按工艺设计要求实施装置开车。

2. 站内置换

门站、储配站在建成投运时，应先进行系统置换。置换是燃气工艺装置、设备投入运行的第一步，其目的是将空气从系统中排出，并充入燃气或惰性气体，使之满足运行要求。在置换过程中，由于燃气与空气混合有可能发生事故，所以置换是一项比较危险的工作。因此，在置换前应制订完整的置换方案，做好充分准备，全部过程应有组织、有步骤地进行。

门站、储配站的置换顺序原则上应先置换储罐，再置换工艺管道系统，最后安排机泵等燃气设备的置换。

高压储罐置换通常采用水—气置换法。以液化石油气定容储罐置换为例：在罐区数个储罐中选定其中一个（或第一组）储罐（假定1号罐），将其灌满清洁水，然后封闭储罐。将置换气源与储罐气相管连接，打开罐底部的气相阀和液相阀，同时打开第二个（或第二组）待置换储罐（假定2号罐）的罐底部入口液相阀和罐顶上的排气阀，这时打开置换气源（气相）进入1号罐，并依靠气相燃气压力和水的自身压力将水压入2号罐内，当发现2号罐顶溢出水时，说明1号罐已充满燃气气体，此时应立即关闭1号罐的气、液相阀门，即

1 号罐置换完毕。最后一个储罐在置换时，水要从排污阀口排放，直至排放见到燃气，即置换完毕。照此方法，继续置换其他储罐，直至置换完罐区全部储罐。储罐罐内充入气态燃气后，方可输入液态燃气。采用水—气置换时，应注意每一个被置换储罐必须保证完全充满水，不得留有无水空间。

二、站区运行安全管理

站区工艺装置运行涉及燃气管道系统、储存装置、压送装置、调压计量装置等多个方面，它是一个输配储存物料的工艺系统。如果在运行过程中，系统中某一环节发生损坏或泄漏事故，整个场站都将受到影响，甚至会造成事故。因此，站区运行管理是安全管理的重中之重。

（一）工艺管道运行安全管理

燃气输送管道是按工艺设计要求布置于站区的，它将输、储设备联系成一个输送物料的整体。站区燃气管线有地上敷设和埋地敷设两种方式。地上敷设的管线日常检查比较方便，容易及时发现问题和进行检修，但管线来往穿插，妨碍交通，会给消防扑救造成困难。埋地敷设的管线易受土壤腐蚀且不易及时发现泄漏。

站区工艺管道通常有焊接和法兰连接两种方式。焊接连接不易泄漏，但是管线检修时不能拆卸移动，动火焊接会增加施工难度和危险性；法兰连接拆卸方便，可以将需要动火检修的管线移至安全地带进行施工，但是平时法兰连接容易泄漏。

站区工艺管道运行安全应从工艺指标的控制、正确操作、巡回检查和维护保养几方面保证。

1. 工艺指标的控制

（1）流量、压力和温度的控制

流量、压力、温度和液位是燃气管道使用中几个主要的工艺控制指标。操作压力和操作温度是管道设计、选材、制造和安装的依据。只有严格按照燃气管道安全操作规程规定的操作压力和操作温度运行，才能保证管道的使用安全。

（2）交变载荷的控制

城镇燃气由于用气量的不断变化，使输配管网中常常出现压力波动，引起管道产生交变应力，造成管材的疲劳、破坏。因此，运行中应尽量避免不必要的频繁加压和卸压以及过大的温度波动，力求均衡运行。

（3）腐蚀性介质含量控制

在用燃气管道对腐蚀性介质含量及工况有严格的工艺控制指标。腐蚀介质含量的超标必然对管道产生危害，使用单位应加强日常监控，防止腐蚀介质超标。

2. 正确操作

操作人员要熟悉站区工艺管道的技术特性、系统结构、工艺流程、工艺指标、可能发生的事故及应采取的安全技术措施。在运行过程中，操作人员应严格控制工艺指标，正确操作，严禁超压、超温运行；加载和卸载的速度不要过快；高温或低温（–20℃以下）条件下工作的管道，加热或冷却应缓慢进行；管道运行时应尽量避免压力和温度的大幅度波动；尽量减少管道的开停次数。

3. 巡回检查

操作人员要按照岗位责任制的要求定期按巡回检查线路完成各个部位和项目的检查，并做好巡回检查记录。对检查中发现的异常情况应及时汇报和处理。巡回检查的项目主要有各项工艺操作指标参数、运行情况、系统的平稳情况，管道连接部位、阀门及管件的密封泄漏情况，防腐、保温层完好情况，管道振动情况和管道支吊架的紧固、腐蚀和支撑情况，阀门等操作机构润滑情况，安全阀、压力表等安全保护装置运行状况，静电跨接、静电接地及其他保护装置的运行状况等。

4. 维护保养

经常检查燃气管道的防腐措施，避免管道表面不必要的碰撞，保持管道表面平整，减少各种电离、化学腐蚀。阀门的操作部件要经常除锈上油并定期进行活动，保证开关灵活。安全阀、压力表要经常擦拭，确保其灵活、准确，并按时进行检查和校验。燃气管道因外界因素产生较大振动时，应隔断振源，发现摩擦应及时采取措施。静电跨接、接地装置要保持良好完整，及时消除缺陷，防止故障发生。禁止将管道及支架作为电焊的零线、起重工具的锚点和撬抬重物的支点。对管道底部和弯曲处等薄弱环节，要经常检查腐蚀、磨损等情况，发现问题及时处理，及时消除跑、冒、滴、漏。定期检查紧固螺栓完好状况，做到齐全、不锈蚀，丝扣完整，连接可靠。对高温管道，在开工升温过程中需对管道法兰连接螺栓进行热紧；对低温管道，在降温过程中需进行冷紧；对停用的燃气管道应及时排除管内的燃气并进行置换，必要时做惰性气体保护。

（二）罐区安全管理

罐区的运行范围主要包括接收、储存、倒罐等作业。罐区的运行管理和操作由罐区运行班负责，需严格执行压力容器工艺操作规程和岗位操作规程。罐区安全管理必须做到实时、准确，且记录齐全。

1. 储罐安全管理

储罐（压力容器）安全管理包括投用前准备、运行控制、使用管理及安全；注意事项等。

2. 防护堤安全管理

防护堤要用非燃烧材料建造，一般使用砖石砌堤体或钢筋混凝土预制板围堤等。防护堤的高度及罐壁至防护堤坡脚距离应符合规范的相关规定。防护堤的人行踏步不应少于两处。严禁在防护堤上开洞，各种穿过防护堤的管道都要设置套管或预留孔，并进行封堵。

3. 罐区安全巡查

罐区安全巡查主要是针对储罐、工艺管道及安全设施。

（1）工艺条件方面的检查，主要检查操作压力、操作温度、流量、液位等是否在安全操作规程的范围内。

（2）设备状况方面的检查，主要检查储罐、工艺管道各连接部分有无泄漏、渗漏现象；设备、设施外表面有无腐蚀，防腐层和保温层是否完好；重要阀门的启、闭与挂牌是否一致，连锁装置是否完好无损；支承、支座、紧固螺栓是否完好，基础有无下沉、倾斜；设备及连接管道有无异常振动、磨损等现象。

（3）安全附件方面的检查，主要检查安全附件（如压力表、温度计、安全阀、流量计等）是否在规定的检验周期内，是否保持良好状态。检查压力表的取压管有无泄漏或堵塞现象，同一系统上的压力表读数是否一致；安全阀有无冻结或其他不良的工作状况；检查安全附件是否达到防冻、防晒和防雨淋的要求等。

（4）其他安全装置的检查，主要检查防雷与防静电设施、消防设施与器材、消防通道、可燃气体报警装置、安全照明等是否齐全、完好。

（三）机泵房的安全管理

机泵房在输送燃气时，会不可避免地聚集一定浓度的燃气，因此火灾、爆炸的危险性较大，必须采取严格的安全管理措施。

机泵房的全部建（构）筑物应采用耐火材料建造，机泵房耐火等级不宜低于二级。地面宜采用不燃、不渗油、打击不产生火花的材料。机泵房应考虑泄压面。门窗开在泵房的两端，门向外开（不准使用拉闸门），窗户的自然采光面积不小于泵房面积的1/6，室内通风良好。房顶没有闷顶夹层，房基不与机泵基础连在一起。机泵房必须配备固定灭火设施和便携式灭火器材。

机泵房内的照明灯具、电机、开关及一切线路都必须符合设计规定和防爆要求。机泵房内禁止安装临时性、不符合工艺要求的设备和敷设临时管道。对机泵房内的设备要定期巡查，设备运行记录必须做到实时、齐全和有效。

（四）调压站的安全管理

1. 调压站运行安全管理

调压站验收合格后，将燃气通到调压站外总进口阀门处，然后再进行调压站的通气置换工作。

　　每组调压器前后的阀门处应加上盲板，然后打开旁通管、安全装置及放散管上的阀门，关闭系统上的其他阀门及仪表连接阀门。将调压站进口前的燃气压力控制在等于或略高于调压器给定的出口压力值，然后缓慢打开室外总进口阀门，将燃气通入室内管道系统。利用燃气压力将系统内的空气赶入旁通管，经放散管排入大气中，待取样分析合格（可点火试验）后，再分组拆除调压器前后的盲板，打开调压器前的阀门，使燃气通过调压器。调压器组内的空气仍由放散管排出室外。此时，调压站的全部通气置换工作完成，最后关闭室内所有阀门。应注意每组调压器通气置换经取样分析合格后，方可进行下一组通气置换工作。将调压站进口燃气压力逐渐恢复到正常供气压力，然后按下列步骤启动调压器。首先，缓慢打开一组调压器的进口阀门。这时，如果没有给调压器或指挥器弹簧加压，出口压力将等于零值。若是直接作用式调压器，由于压盘、弹簧的自重及进口压力对阀门的影响，出口压力会升到某一数值，待薄膜下燃气压力与膜上压盘、弹簧的自重相平衡，出口压力就不再升高了。然后，慢慢给调压器或指挥器的弹簧加压，使调压器出口压力值略高于给定值，慢慢打开调压器出口阀门，根据管网的负荷和要求的压力对弹簧进行调整，注意观察出口压力的稳定情况。

　　当该调压站达到满负荷时，调压器的出口压力应能保持在正常范围内。

　　最后进行关闭压力试验。在调压器满负荷时，能保证出口压力稳定的情况下，逐渐关闭调压器出口阀门，观察出口压力的变化，最后将出口阀门全部关闭，并要求出口压力不超过规定值。关闭压力一般是调压器设定的出口压力的5%～10%。

2. 调压站维护安全管理

　　调压站应建立定期检修制度。调压站内检修的主要内容有：拆卸并清洗调压器、指挥器、排气阀的内腔及阀口，擦洗阀杆和修补已磨损的阀门；更换失去弹性或漏气的薄膜、阀垫及密封垫；更换已磨损失效的弹簧和变形的传动零件；吹洗指挥器的信号管，疏通通气孔；加润滑油使之动作灵活。

检修完并组装好的调压器应按规定的关闭压力值进行调试，以保证调压器自动关闭严密。投用后调压器出口压力波动范围不超过 8% 为检修合格。除检修调压器外，还应对过滤器、阀门、安全装置及计量仪表进行清洗、加油；更换损坏的阀垫；检查各法兰、丝扣接头有无漏气，及时修理漏气点；检查水封的油质和补充油位；最后进行设备及管道的除锈、刷漆。

定期检修时，必须由两名以上熟练的操作工人，严格遵守安全操作规程，按预先制订且经上级批准的检修方案执行。

调压站的其他附属设备也应安排维修检查，检修时应保证室内空气中燃气浓度低于爆炸极限，防止意外事故发生。

室内调压站的建筑物应采用耐火材料建造，地面宜采用不燃、不渗油、打击不产生火花的材料，建筑物及安全设施必须齐全、完好。

（五）灌瓶间的安全管理

灌瓶间的全部建（构）筑物应采用耐火材料建造，耐火等级应为一级。地面应采用不燃、不渗油、打击不产生火花的材料。灌瓶间内必须配备固定灭火设施和便携式灭火器材。

灌瓶间必须按规定要求划分空瓶区、实瓶区、检验区以及倒残区。灌瓶间必须留出消防安全通道，并禁止气瓶占用通道。

灌瓶间内的设备必须要有可靠的接地和防静电措施。灌瓶间内禁止安装临时性、不符合工艺要求的设备和敷设临时管道。灌瓶间内的照明灯具、电机及一切线路和开关等设施都必须符合设计规定和防爆要求。

三、辅助生产区安全管理

辅助生产区主要是指站场内的供配电房、锅炉房以及消防泵房等，其安全管理主要以设备、建筑物完好为重点。

（一）供配电房的安全管理

1. 保持电气设备正常运行

电气设备运行中产生的火花和危险温度是引起火灾的主要原因之一。因此，保持供配电设备的正常运行对于防火、防爆具有重要的意义。供配电设备应在电压、电流、温升等参数的额定值允许范围内运行，应保持电气设备足够的绝缘能力和电气连接良好。

电气设备线路的电压、电流也不得超过额定值，导线的载流量应在规定范围内。防爆设备的最高表面温度应符合防爆电气设备极限温度和温升的规定值。电气设备、线路应定期进行绝缘试验，保持绝缘性良好。应经常保持电气设备整洁，防止设备表面污脏、绝缘性下降。做好导线可靠连接措施以及电气设备的接地、接零、防雷、防静电措施。

电气设备运行应按安全操作规程执行，不发生误操作事故，更换灯管、电气测试等都必须在断电后进行。备用电源发电机组应保持完好，且应定期启动运行。

2. 供配电房的安全检查

供配电房安全检查主要包括检查供配电设备是否完好、是否正常运行，并做好现场记录；检查供配电房建筑物设施是否完好、建筑结构是否有漏水现象；检查供配电房防鼠、防火、防洪、防雷击等措施是否落实到位；检查供配电设备指示牌、操作牌悬挂是否正确，各种标志是否齐全、清晰；检查供配电设备及其计量仪表以及绝缘工器具、绝缘保护用品是否在规定的检验周期内；检查供配电房内的环境卫生和设备卫生状况。

（二）锅炉房的安全管理

保持锅炉设备正常运行是锅炉房安全管理的重要内容，它包括工艺条件方面的检查（锅炉设备的操作压力、温度、水位等是否在安全操作规程的规定范围内）、设备状况方面的检查（锅炉设备及连接管道有无异常振动、磨损等现象）和安全附件方面的检查（锅炉设备上的安全附件压力表、温度计、安全阀等是否在规定的检验周期内，是否保持良好状态）。

锅炉房的安全管理主要是检查锅炉设备是否完好、运行是否正常、工艺参数是否在限额范围以内、现场记录是否齐全、有效；检查锅炉配套设施（包括管线、调压装置、水软化装置、汽水分离装置等）是否完好并符合安全技术要求；检查锅炉水位计的实际水位是否处在正常范围；检查安全附件是否齐全且在定期校验有效期限以内；检查锅炉房的照明、配电线路和设备是否完好，运行是否正常；检查锅炉设备指示牌、操作牌悬挂是否正确；检查固定灭火设施、灭火器材是否齐全、完好；检查锅炉房建筑结构、防雷与防静电设施是否完好；检查锅炉房的环境卫生和设备卫生状况等。

第二节　燃气设备安全运行管理

一、压力容器安全管理

（一）概述

压力容器是指盛装气体或者液体，承载一定压力的密闭设备，其范围规定为最高工作压力大于或者等于 0.1MPa（表压），且压力与容积的乘积大于或等于 2.5MPa·L 的气体、液化气体和最高工作温度高于或等于标准沸点的液体的固定式容器和移动式容器；盛装公称工作压力大于或等于 0.2MPa（表压），且压力与容积的乘积大于或等于 1.0MPa·L 的气体、液化气体和标准沸点等于或低于 60℃ 液体的气瓶等。

容器（或称储罐）器壁内外部存在一定压力差的所有密闭容器，均可称为压力容器。压力容器器壁内外部所存在的压力差称作压力荷载，由于容器器壁承受压力荷载，所以压力容器也称作受压容器。压力容器所承受的这种压力荷载等于人为地将能量进行提升、积蓄，使容器具备了随时释放能量的可能性和危险性，就会产生泄漏和爆炸。这种可能性和危险性与容器的介质、容积、所承受的压力荷载以及结构、用途等有关。因此，加强压力容器的安全技术管理是实现燃气生产安全的重要环节。

容器是燃气生产的主要设备之一，常用储存燃气的容器多数属于压力容器。

（二）压力容器的安全监察

压力容器是一种比较容易发生安全事故，而且事故造成的危害又格外严重的特种设备。特别是储存燃气的压力容器，由于储存的是易燃易爆物质，工作压力高，一旦发生意外，可能会带来灾难性的后果，严重威胁社会稳定和人民的生命财产安全。

压力容器内储存的物质一般都是较高压力的气体或液化气体。容器爆破时，这些物质瞬间卸压膨胀，释放出很大的能量，这些能量能产生强烈的空气冲击波，使周围的厂房、设备等遭到严重破坏。容器爆破以后，容器内的物质外泄，还会引起一系列的恶性连锁反应，使事故的危害进一步扩大。

此外，间接事故所造成的危害也不容忽视，如容器腐蚀穿孔或密封元件等发生的泄漏，会导致人员的中毒、伤亡和环境污染。燃气泄漏会间接造成爆炸。从使用技术条件方面来说，压力容器的使用技术条件比较苛刻，压力容器要承受较高的压力载荷，工作环境也比较恶劣。在操作失误或发生异常情况时，容器内的压力会迅速上升，往往在未被发现的情况下，容器就已破裂。容器内部常常隐藏严重的缺陷（裂纹、气孔、局部应力等），这些缺陷若在运行中不断扩大，或在适当的条件（使用温度、压力等）下都会使容器突然破裂。

在使用管理上，如购买无压力容器制造资质厂家生产的设备作为承压设备，并避开注册登记和检验等安全监察管理，非法使用这些设备，将留下严重的后患。无安全操作规程，无持证上岗人员和相关管理人员，未建立技术档案，无定期检验管理，使压力容器和安全附件处于盲目使用和盲目管理的失控状态，擅自改变使用条件，擅自修理改造，甚至带故障操作，违章超负荷、超压生产或安全监察部门管理不到位等，都可能造成严重的后果。

（三）监察实施办法

压力容器的安全监察过程分设计、制造、安装、使用、检验、维修改造等环节。2021 年 9 月 1 日施行的《中华人民共和国安全生产法》，对压力容器等特种设备的使用有强制性规定。生产经营单位使用涉及生命安全、危险性较大的特种设备以及危险品的容器运输工具必须按照国家有关规定，由专业生产单位生产，并经取得专业资质的检测、检验机构检测、检验合格，取得安全使用证或者安全标志，方可投入使用。因此，压力容器的选购、安装、使用、维修、改造都必须按相关的法规进行。

使用单位必须向有制造许可证的制造单位选购压力容器，并满足安全性、适用性和经济性要求。订购前需要求制造单位出示有省级以上质量技术监督部门签发盖印的《压力容器制造许可证》或要求提供复印件。压力容器出厂时，制造单位应向用户至少提供如下技术文件和资料：竣工图样、产品质量证明书及产品铭牌的拓印件、压力容器产品安全质量监督检验证书、产品合格证、《压力容器安全技术监察规程》第 33 条要求提供的强度计算书等资料，移动式压力容器还应提供产品说明书（含安全附件使用说明书）、随车工具及安全附件清单、底盘使用说明书等。

（四）压力容器的使用管理

1. 压力容器的投用

压力容器安装竣工并经调试验收后，在投入使用前或者投入使用后 30 日内，使用单位应向属地特种设备安全监察管理部门办理使用登记手续，取得《特种设备使用登记证》。

（1）投用前的准备工作

投用前应从规章制度、人员及设备几方面做好基础管理工作。压力容器投入运行前，必须制订容器的安全操作规程和各项管理制度，使操作人员做到操作有章可依，有规可循。同时，初次运行还必须制订容器运行方案，明确人员分工、操作步骤和安全注意事项等。

压力容器投用前必须办理好报装手续，由具有相应资质的施工单位负责施工，并经竣工验收，在规定的时限内办理使用登记手续，取得质量技术监督部门颁发的《特种设备使用登记证》。

现场管理工作需要检查安装、检验、修理工作遗留的辅助设施，如脚手架、临时平台、临时电线等是否已拆除，容器内有无遗留工具、杂物等；检查电、气等供给是否已恢复，道路是否畅通，操作环境是否符合安全运行条件；检查系统中压力容器连接部位、接管等连接情况，该抽的盲板是否抽出，阀门是否处于规定的启闭状态；检查附属设备、安全附件是否齐全、完好；检查安全附件灵敏程度及校验情况，若发现其无产品合格证或规格、性能不符合要求或逾期未校验等情况，不得使用；检查容器本体表面有无异常，是否按规定做好防腐、保温及绝热工作。

（2）压力容器的试运行

试运行前需进一步对容器、附属设备、安全附件、阀门及关联设备进行确认检查。确认设备管线吹扫贯通；确认容器的进出口阀门启闭状态、关联设备和安全附件处于同步工作状态；确认容器、设备及管线的置换和气体取样分析合格；确认操作人员符合上岗条件，安全操作规程和管理制度得到贯彻落实；确认应急计划已落实。

在确认以上工作完成后即可按操作规程要求，按步骤先后进（投）料，并密切注意工艺参数（温度、压力、液位、流量等）的变化，对超出工艺指标的参数应及时调控；操作人员要沿工艺流程线路跟随介质流向进行检查，防止介质泄漏或流向错误；注意检查阀门的开启度是否合适，并密切注意工艺参数的变化。

2. 压力容器的运行控制

压力容器的运行控制主要是对工艺参数和交变荷载的控制。

压力控制要点是控制容器的操作压力在任何时候都不能超过最大工作压力。

温度控制要点主要是控制其极端工作温度。常温下使用的压力容器主要控制介质的最高温度，低温下使用的压力容器主要控制介质的最低温度，并保证容器壁温不低于设计温度。储存气液共存的容器应严格按照规定的充装系数进行充装，以保证在设计温度下容器内有足够的气相空间。对流量、流速的控制主要是控制其对容器不造成严重的冲刷、冲击和引起震动等，操作人员应密切注意出口流量和进口流量的变化和配比。

交变荷载作用会导致容器磨损破坏，因此，要尽量使介质的压力、温度和流速升降平稳，避免突然开、停车或不必要的频繁加压和卸压。

运行控制有手动控制和自动连锁控制两种。其中自动连锁控制系统较为复杂，运行工艺参数一般是通过总控室的控制仪表来实现操控的。

3. 压力容器的使用管理

（1）安全技术管理工作内容

使用单位的技术负责人（主管厂长或总工程师）必须对压力容器的安全技术管理负责，并应指定具有压力容器专业知识的工程技术人员具体负责安全技术管理工作。

使用单位必须贯彻执行国家有关压力容器的安全技术规程，制订压力容器安全管理制度和安全技术操作规程；必须参加压力容器使用前的相关管理工作，并对容器的订购、安装、检验、验收和试车全过程进行跟踪；必须持压力容器有关技术资料到当地压力容器安全监察机构逐台办理使用登记；必须做好容器运行、检验、维修改造、报废、安全附件校验及使用状况的技术审查和检查工作，并逐级落实岗位责任制度和安全检查制度，建立并规范压力容器技术档案管理；必须做好压力容器事故应急救援和事故管理工作；必须对压力容器操作人员和安全管理人员进行培训考核，相关人员取得压力容器安全监察部门颁发的《特种设备作业人员证》，方可上岗作业。

使用单位应当向质量技术监督部门报送当年年度压力容器数量和变动情况的统计表，编制压力容器年度定期检验计划并负责实施。每年年底应将下一年度的检验计划上报当地质量技术监督部门。

（2）技术档案管理

技术档案管理包括压力容器登记卡，压力容器出厂随机技术资料（包括产品合格证、质量证明书、竣工图、制造单位所在地的质量技术监督部门签发的压力容器产品制造安全质量监督检验证书、容器强度计算书、安全附件产品质量证明书等），安装技术文件和资料（包括工程竣工后，施工单位完整地提交安装全过程的《压力容器安装交工技术文件汇编》），检验、监理和试运行记录，有关技术文件和资料，修理方案、技术改造方案及有关质量检验报告，现场记录等技术资料，安全附件校验、修理、更换记录，有关事故的记录和处理报告（包括试运行中安装单位有关人员现场处理故障的记录等）以及使用登记有关文件资料。

（3）安全使用管理制度

为保证压力容器的安全使用，应制订管理人员职责、操作人员职责和安全操作规程等内容，包括容器操作工艺技术指标、岗位操作方法（含开、停车操作程序和注意事项）、安全操作基本要求、重点检查项目和部位、运行中出现异常现象的判断和处理方法以及防治措施、维护保养方法、紧急情况报告程序、应急预案的具体操作步骤和要求。

（4）维护保养

维护保养需要做到及时消除燃气泄漏现象，保持防腐层和保温层完好，减少或消除容器的冲击和振动，保持容器表面清洁等。

4. 压力容器的安全注意事项

容器开始加载时介质流速不宜过快，加压时要分阶段进行，在各阶段保压一定时间后再继续加压，直至达到规定的压力。容器运行期间还应尽量避免压力、温度的频繁和大幅度波动，以防止在交变荷载作用下，导致容器破裂。操作时严格执行工艺指标可防止容器超压、超温、超量、超载运行。

容器（储罐）运行期间要坚持现场巡回检查和定期检查。巡回和定期检查内容包括检查容器本体结构是否有变形、裂纹、腐蚀等缺陷；容器上的管道、阀门是否完好，有无泄漏；检查安全阀、压力表、温度计、液位计等安全附件及泄压排放装置是否齐全完好；检查压力、温度、液位等工艺参数值是否在设计限定范围以内；检查防雷、防静电装置及消防喷淋等设施是否齐全完好；检查各项管理制度、应急预案的落实执行情况；检查容器的防腐层、保温绝热层是否完好；检查设备基础沉降等情况。

压力容器严禁边运行边检修，特别是严禁带压拆卸、拧紧螺栓等操作。容器出现故障时必须按规程要求停车卸压，并按检修规程办理检修交出证书。容器检修应严格执行检修安全技术规程。

二、机泵设备安全管理

（一）概述

燃气输配是燃气储存设备、压送设备和管道输送系统组成的连续化生产过程。

根据燃气输配工艺条件的需要，压送设备必须满足系统压力、温度、介质的分离或混合以及液体输送等各项要求。燃气压送的机械设备有压缩机、风机和气泵等，它们是燃气生产中不可缺少的。由于燃气易燃易爆，所以要求机泵设备必须具有可靠的密封性和防爆性，避免燃气泄漏而发生火灾爆炸事故。此外，机泵设备常常在高压、高温或超低温条件下运行，运行技术参数控制要求非常严格，也容易发生故障，一旦出现意外，就有可能酿成灾难性的后果。所以，加强机泵设备的安全管理显得非常重要。机泵设备安全管理首先要把好设备安装质量关。机泵设备安装时必须符合设计文件、机器说明书要求以及现行国家规范《风机、压缩机、泵安装工程施工及验收规范》（GB 50275 – 2010）的规定。

1. 机泵设备安装前的准备工作

机泵设备安装前应具备完整的技术资料：设备出厂合格证明书、设备的试运行记录及有关重要零部件的质量检验证书、设备的安装图、基础图、总装配图、易损件图、安装平面布置图和使用说明书、设备出厂装箱清单、有关安装规范和安装说明以及经批准的施工组织设计或施工方案。

设备开箱检查验收应由施工单位、建设单位或设备监理单位的人员参加，按装箱单进行。设备及各零部件若暂不安装，应采取适当措施加以保护，防止变形、锈蚀、老化、损坏或丢失，尤其是与设备配套的电气仪表及备件，应由各专业人员进行验收，妥善保管。

2. 机泵设备的基础检查与验收

基础检查是设备安装的根基，属于地下隐蔽工程。设备安装前应进行严格的基础检查。基础检查验收应按下列顺序进行。

（1）安装前施工单位应提交质量证明书、测量记录及其他施工技术资料；应明显地标出标高基准线、纵横中心线，相应建筑物上应标有坐标轴线；设计要求进行沉降观察的设备应有沉降观测水准点。

（2）设备安装单位应按以下规定对基础检查进行复查：外观不应有裂纹、蜂窝、空洞及露筋等缺陷；各部位尺寸、位置等质量要求应符合现行国家规范《混凝土结构工程施工质量验收规范》（GB 50204 – 2015）的规定；混凝土基础强度达到设计要求后，周围土方应回填、夯实、整平，预埋地脚螺栓的螺纹部分应无损伤，地脚螺栓孔的距离、深度和孔壁垂直度、基础预埋件等符合规范规定要求。

（3）设备就位应按设计图样并根据有关建筑物的轴线、边缘线和标高基准复核纵横中心线和标高基准线，并确定其安装基准线。

3. 机泵设备的安装

基础检查合格后，机泵即可吊装就位，机座的找平与找正是安装过程的重要工序，找平、找正的质量直接影响机泵的正常运转和使用寿命。

在没有特别规定时，机泵上作为定位的基准面、线和点，对安装基准线所在的面及标高的允许偏差，应符合以下规定：与其他设备无机械联系时，平面位置及标高的允许偏差为 ±5mm；与其他设备有机械联系时，平面位置允许偏差为 ±2mm，标高允许偏差为 ±1mm。

机泵找平找正时，安装基准测量面应选择机泵上加工精度较高的表面或联轴器的端面及外圆周面。安装基准的水平度和垂直度的允许偏差、主动轮与被动轮相对位移量、轴与轴之间的平行度允差、联轴器间的端面间隙等必须符合相关规范规定或机泵技术文件的规定。

机泵底座与基础的固定一般采用地脚螺栓。地脚螺栓的埋设可采用预埋法或二次灌浆法，地脚螺栓与混凝土基础结合必须良好。螺栓拧紧后应保证露出螺母外 1.5~3 个螺距。

机泵在拆卸前应测量拆卸件有关零部件的相对位置或配合间隙。结合机泵装配图的序号作出相应的标志和记录。拆卸的零部件经清洗、检查合格后，才允许进行装配，组装时必须严格遵守技术文件的规定。分散供货需要在现场组装的机泵设备，零部件清洗且检查合格后按技术文件规定进行组装。机泵或部件在封闭前应仔细检查和清理，其内部不得有任何异物存在。各零部件的配合间隙应符合技术文件规定的要求。安装后不易拆卸、检查、修理的油箱等部件，装配前应做渗漏检查。机泵上较精密的螺纹连接件或高于 220℃ 条件工作的连接件及配合件等，装配时应在其配合表面涂上防咬合剂。

4. 机泵设备的试车与验收

机泵及附属设备、管道系统安装完毕后，必须进行试车验收，合格后方可投入使用。

试车前要求机泵及附属设备、管道系统、水电仪表设施均已竣工，且经检查符合试车要求；安装过程中的各项原始记录和交工技术资料齐备；机泵各部位紧固件已按规定拧紧，无松动现象；用手盘动主轴数转，灵活无阻滞现象；机泵各部位所用油脂的规格、数量符合技术文件的规定；与机泵相关联的设备、管道系统已进行吹扫和置换，并经检验合格；试车操作人员经专门技术培训，并取得机泵设备操作资格证书；试车方案已经技术负责人签署生效。

机泵试车时为保证安全，应把整个试车分成几个阶段进行。在试车过程中不能过早或过快地增加负荷，以免发生设备安全事故。

无负荷试车时要清理现场，准备好试车用的工具、仪器及材料。按试车方案的规定，操作进口和出口处的阀门及安全附件。首先开动油泵和注油器，并检查供油情况。无问题后再按步骤进行无负荷试车（机器说明书指明必须带液试车的液泵除外）。一般无负荷试车分多阶段进行，每一阶段无负荷试车都应检查设备运行的技术指标，经确认合格再进入下一阶段试车。对无负荷试车中发现的问题，应立即停车检查，及时排除故障，并经检查合格，方可进入下一阶段的试车。带负荷试车是在无负荷试车合格的前提条件下分阶段进行的，且应坚持负荷分层次逐渐增加的原则。每阶段试车都应检查设备运行的技术指标，一般运行每隔 30 分钟记录一次，将运行情况和检查发现的问题记录在案，以便停车后处理。

分阶段带负荷试车合格，其工作压力和排气（液）量均达到全负荷，连续运行无异常情况，即可办理验收移交手续。

机泵带负荷试车合格后应按有关规定办理验收移交。验收移交必须在建设、监理和施工单位技术负责人及施工人员的共同参与下进行。验收时应对机泵设备安装过程中出现的问题及处理方法进行详细的说明，对设备安装的重点、要点进行全面的检查，并在交工文件中加以详细说明，对安装质量进行综合评定。经双方认定合格，在验收合格证明书上履行签字手续。施工单位在办理移交时要对施工技术文件和资料整理成册，与设备一并移交。施工技术文件和资料包括施工合同，竣工图，施工组织设计或施工方案，现场签证及施工记录，隐蔽工程记录，施工用材产品合格证及质检记录，各项实测、检查及试验记录，无负荷和带负荷试车记录，设计变更、设备开箱检查记录，说明书、随机技术资料及验收报告等。

（二）燃气压缩机

在燃气输配系统中，压缩机是用来压缩气态燃气、提高燃气压力并压送燃气的设备，是燃气输配工艺装置中的重要设备之一。

1. 压缩机的分类

压缩机的种类很多，按其工作原理可分为两大类：容积型压缩机和速度型压缩机。在燃气输配系统中，常用的是容积型压缩机，其结构形式主要有活塞式、滑片式、罗茨回转式、离心式。

活塞式压缩机通常适宜在高压条件下工作，输出的压力高，但排气量较小。滑片式压缩机通常压力不高，流量也较小，是一种中、低压压缩机。罗茨回转式压缩机的优点是当转速一定而进出口压力稍有波动时，排气量不变，转速与排气量之间保持恒比关系；转速高，没有气阀及曲轴等装置；重量轻，应用方便。缺点是当压缩机有磨损时影响效率，当排出的气体受到阻碍时，压力逐渐升高，因此出气管上必须安装安全阀。离心式压缩机的优点是输气量大而连续，运行平稳；机组外形小，占地面积少；设备重量轻，易损部件少；使用寿命长，便于维修；机体内不需要润滑，气体不会被润滑油污染；电机超负荷危险性小，易于自动化控制。缺点是在高速下的气体与叶轮表面有摩擦损失；气体在流经扩压器、弯道和回流器的过程中也有摩擦损失。因此，其效率比活塞式压缩机低，对压力的适应范围也较窄，并会出现喘振现象。

2. 压缩机运行安全管理

输送燃气的压缩机必须采用防爆型电动机，其配电线路和操作开关也必须采取防爆措施。压缩机进、出口管道上应安装压力表和安全阀，进气口端还要安装过滤阀，以免介质中的杂物进入机体内，造成设备损伤。过滤阀中的滤网要定期检查清理，以免堵塞。安全附件和仪表必须完好，工作灵敏且在检验有效期内。

以操作活塞式压缩机为例，开机前要认真检查并确认进气口管道内无液态燃气，这是关系到压缩机安全运行至关重要的问题，操作时一定要倍加注意。开机后要检查机内润滑油的压力是否正常，否则要立即停车检修。当容器或管道中的压力达到规定值时，应及时降低压缩机的排气量或停机，防止压力过高引起事故。压缩机在运行过程中，必须进行定期巡查，并做好运行记录，发现问题后及时停机处理。

三、调压、计量设备安全管理

压力和流量是燃气生产中必不可少而又极其重要的工艺参数，所以，调压和计量设备的安全运行对于正确地反映生产操作，实现生产过程的自动控制，保证工艺装置的生产安全和用气安全，显得十分重要。

（一）调压设备的安全管理

调压设备主要是指燃气调压器，其安全管理的内容主要是保证调压器在设定的调压范围内连续、平稳地工作。在生产实践中，调压器除了在工作失灵时需要检修，还应建立定期安全检修制度。对于负荷大的区域性调压站、调压器及其附属设备需每 3 个月检修一次，对于一般中低压调压设备需每半年检修一次。

1. 调压器的检修内容

调压器检修内容包括：拆卸并清洗调压器、指挥器、排气阀的内腔及阀口，擦洗阀杆和研磨已磨损的阀口；更换失去弹性或漏气的薄膜；更换阀垫和密封垫；更换已磨损失效的弹簧；吹洗指挥器的信号管；疏通通气孔；更换变形的传动零件或加润滑油使之动作灵活；组装和调试调压器等。

调压器应按规定的关闭压力值调试，以保证调压器自动关闭严密。投入运行后，调压器出口压力波动范围不超过规定的数值时为检修合格。

2. 调压附属设备的检修内容

调压附属设备包括过滤器、阀门、安全装置及计量仪表等。其安全检修内容有：清洗加油；更换损坏的阀垫；检查各法兰、丝扣接头有无漏气，并及时修理漏气点；检查及补充水封的油质和油位；管道及设备的除锈、刷漆等。

进行调压设备定期安全检修时必须有两名以上经专门技术培训的熟练工人，一人操作，一人监护，严格遵守安全操作规程，按预先制订且经上级批准的检修方案执行。操作时要打开调压站的门窗，保证室内空气中燃气浓度低于爆炸下限。

（二）计量设备的安全管理

计量设备主要指燃气流量计（表）、气瓶灌装秤和电子汽车衡等设备。其安全管理的内容主要是保持设备的灵敏准确，并进行必要的维护和定期校验。主要工作有以下几点：

（1）计量设备应经常保持清洁，计量显示部位要明亮清晰。

（2）计量设备的连接管要定期吹洗，以免堵塞；连接管上的旋塞要处于全开启状态。

（3）经常检查计量设备的指针或数字显示值波动是否正常，发现异常现象，要立即处理。

（4）防止腐蚀性介质侵入并防止机械振动波及计量设备。

（5）防止热源和辐射源接近计量设备。

（6）站区电子计量设备的接线和开关必须符合电气防爆技术要求。

（7）遇雷电恶劣天气，应停止电子计量设备运行并及时切断设备电源，防止雷电感应损坏设备。

（8）计量设备必须由法定计量资质的检定机构进行定期校验，校验合格后应加铅封；在用的计量设备必须是在校验有效期限以内，校验资料应建档，专人管理。

（9）气瓶灌装秤和电子汽车衡每年至少校验一次；燃气流量计（表）每

24 个月至少校验一次；膜式燃气表 8 级（6m³ 以下）首次检定，使用 6 年更换。

四、管道运行管理

（一）运行管理基本要求

城镇燃气管道是一项服务于社会的公共基础设施，与人民群众的生活息息相关，其安全管理关系到广大用户安全用气和生命财产的安全，对社会的稳定和发展具有重要的意义，必须引起高度重视。同时，在用燃气管道运行安全管理又是一项专业技术性很强的管理工作，管道燃气经营单位必须建立并规范组织保证体系，运用科学的管理手段和方法，按照标准的工作程序，实时监测监控，规范操作和检修，切实预防管道设施的失效或超负荷运行，以确保安全生产。

1. 组织保证体系

管道燃气经营单位除应建立强有力的行政管理体系外，还应根据国家安全生产法律法规的规定，结合管道燃气运营的特点，建立一个完整的、分工明确的、各司其职而又密切配合和协作的运行安全管理体系，以确保管道设施系统安全、可靠地运行。

（1）管理机构

燃气管道运行重在安全管理。安全管理机构的设置要充分考虑安全生产的实际需要，并且要建立有权威、有执行力的安全管理领导组织。通常，管道燃气经营单位的安全管理组织机构分为三个层次，即企业安全管理决策层（最高领导层）、职能处室管理层和基层单位安全生产执行层。

（2）管理职能

决策层的主要职能是贯彻执行国家安全生产相关法律法规的规定，确保安全生产；负责安全生产方针、目标、指标的确定，颁布企业内部规章制度和安全技术标准；建立并规范安全生产保障体系，确保各级安全管理组织的有效运行；保证安全生产投入的有效实施，提供必要的资源；组织制订并实施安全事故应急救援预案；对安全事故进行处理并对重大安全技术问题作出决策；任命各级安全生产管理者代表，落实安全责任。

管理层的主要职责是贯彻并实施健康、安全、环保、质量法规和技术标准；负责制订企业内部各项规章制度、质量和技术标准，并监督实施；对生产过程各个环节进行协调和监督，对重大技术安全问题进行研讨和评估，提出对策意见；组织从业人员进行安全生产教育和培训，保证从业人员持证上岗，推行职业资格证制度；编制专项工作年度计划，并负责组织实施，定期向上级主管部门报告工作；查找安全隐患和缺陷，并督促及时整改，对事故进行调查、分析并提出处理意见；参与生产过程中的质量、技术、安全监督检查。

执行层的主要职责是执行有关燃气管道安全管理法规和技术标准；执行工艺操作规程；执行持证上岗操作和职业资格证制度；执行现场巡回检查制度；编制并上报本部门年度检验、修理和更新改造计划；负责本单位管道设施的规范操作、使用、管理和维护工作；参与新建、改建管道工程的竣工验收；参与事故调查分析；定期开展事故应急救援预案演练。

2. 管理制度

管道燃气经营单位应根据城镇燃气输配的实际情况，建立一套科学、完整的管理制度，并在贯彻实施中不断地进行补充和完善。其主要内容包括：各职能部门的工作职责范围；企业内部工作标准、工作程序；各类人员岗位职责；设备管理制度及设备修理、更新改造管理制度；各类设备安全操作规程；安全检查、巡查巡线制度；安全教育（包括三级安全教育、持证上岗教育等）制度；值班及交接班记录制度；工程施工管理制度；劳动卫生、安全防护管理制度；特种设备使用登记、状态监测、定期检验、维修改造管理制度；安全附件和仪表定期校验、修理制度；管线动火、动土作业施工管理制度；事故管理制度；用户管理及客户服务制度；信息与档案管理制度等。

3. 操作管理

管道燃气运营单位应根据生产工艺要求和管道技术性能，制订安全操作规程，并严格实施。其安全操作管理内容包括：操作工艺控制指标，即最高或最低工作压力、最高或最低操作温度、压力及温度波动范围、介质成分等控制值；岗位操作法，开停车的操作程序及注意事项；运行中应重点检查的部位和项目；运行中的状态监测及可能出现的异常现象的判断、处理方法；隐患、事故报告程序及防范措施；安全巡查范围、要求及运行参数信息的处理；停用时的封存和保养方法。

遇到以下异常情况必须立即采取应急技术措施：介质压力、温度超过材料允许的使用范围，且采取措施后仍不见效；管道及管件发生裂纹、鼓瘤、变形、泄漏或异常振动、声响等；安全保护装置失效；发生火灾等事故且直接威胁正常安全运行；阀门、设备及监控装置失灵，危及安全运行。

（二）管道运行日常管理

燃气管道在投入运行后，即转入运行日常管理。在用燃气管道由于介质和环境的侵害、操作不当、维护不力或管理不善，往往会发生安全事故。因此，必须加强日常管理，强化控制工艺操作指标，严格执行安全操作规程，坚持岗位责任制，认真开展巡回检查和维护保养，这样才能保证燃气管道的安全运行。

1. 运行操作要求

压力管道属于特种设备监察管理范畴。因此，对燃气管道运行操作提出以下要求：操作人员必须经过质量技术监督机构的专门培训，取得《特种设备作业人员证》后方可独立上岗作业；必须熟悉燃气管道的技术特性、系统原理、工艺流程、工艺指标、可能发生的事故及应采取的措施；掌握"四懂三会"，即懂原理、懂结构、懂性能、懂用途，会使用、会维护保养、会排除故障。在管道运行过程中，操作人员应严格控制工艺指标、严禁超压、超温，尽量避免压力和温度的大幅度波动；加载和卸载时的速度不要过快；高温或低温条件下工作时，加热或冷却应缓慢进行；尽量减少管道的开停次数。

2. 工艺指标的控制

流量、压力和温度是燃气管道使用中几个主要的工艺控制指标，也是管道设计、选材、制造和安装的依据。操作时应严格控制燃气管道安全操作规程中规定的工艺指标，以保证安全运行。

燃气输配管网系统中常会反复出现压力波动，引起管道产生交变应力，造成管材疲劳、破坏。因此，运行中应尽量避免不必要的频繁加压、卸压和过大的温度波动，力求均衡运行。

在用燃气管道对腐蚀介质含量及工况有严格的工艺指标控制要求。腐蚀介质含量超标，必然对管道产生危害。因此，应加强日常监控，防止腐蚀介质超标。

3. 巡回检查

燃气管道使用单位应制订严格的管道巡回检查制度。制度应结合燃气管道工艺流程和管网分布的实际情况，做到检查维修人员落实到位、职责明确，检查项目、检查内容和检查时间明确。检查人员应严格按职责范围和要求，按规定巡回检查路线，逐项、逐点检查，并做好巡回检查记录，发现异常情况及时报告和处理。巡回检查的主要项目有：各项工艺操作参数、系统运行情况；管道接头、阀门及管件密封情况；对穿越河流、桥梁、铁路、公路的燃气管道要定期重点检查有无泄漏或受损；管道防腐层、保温层是否完好；管道振动情况；管道支、吊架的紧固、腐蚀和支承情况，管架、基础的完好状况；阀门等操作机构的润滑状况；安全阀、压力表等安全保护装置的运行状况；静电跨接、静电接地、抗腐蚀阴极保护装置的运行及完好状况；埋地管道地面标志、阀井的完好情况；埋地管道覆土层的完好情况；管道调长器、补偿器的完好情况；禁止管道及支架作电焊的零线搭接点、起重锚点或撬抬重物的支点及其他缺陷等。

4. 维护保养

维护保养是延长管道设施使用寿命的基础。日常维护保养的主要内容有：

（1）对管道受损的防腐层进行及时维修，以保持管道表面防腐层的完好，对阴极保护电位达不到规定值的，要及时更换修复。

（2）阀门操作机构要经常除锈上油并定期进行操作活动，以保证开关灵活，要经常检查阀杆处是否有泄漏，发现问题要及时处理。

（3）管线上的安全附件要定期检验和校验，并要经常擦拭，确保灵活、准确。

（4）管道附属设备、设施上的紧固件要保持完好，做到齐全、无锈蚀和连接可靠。

（5）管件上的密封件、密封填料要经常检查，确保完好无泄漏。

（6）管道因外界因素产生较大振动时，应采取措施加强支承，隔断振源，消除摩擦。

（7）静电跨接、静电接地要保持完好，及时消除缺陷，防止故障发生。

（8）停用的燃气管道应排除管内的燃气，进行置换，必要时充入惰性气体保护。

（9）及时消除跑、冒、滴、漏。

（10）对高温管道，在开工升温过程中需对管道法兰连接螺栓进行热紧；对低温管道，在降温过程中需要进行冷紧。

第三节 燃气企业安全管理监督评估

随着我国燃气事业的快速发展，燃气在居民生产生活中的普及率越来越高，燃气企业的安全管理也逐渐被重视。由于燃气具有易燃易爆、稳定性不强等危险特性，燃气企业在安全管理上稍有懈怠，就极易引发安全事故，对社会稳定和财产安全造成很大的影响。所以，燃气企业必须做好安全管理的监督评估工作，加强安全管理体系建设，提高燃气企业的安全管理水平。

一、燃气企业安全管理的监督和评估模式

目前，对燃气企业安全管理进行监督和评估的主要模式是采用安全检查表格法，就是将燃气企业的安全检查项目进行细化，把需要检查的内容系统地列在安全检查表格中，并根据企业的实际安全管理情况进行对照，从而完成对燃气企业在规章制度、人员培训、安全体系等方面的监督和评价。安全检查表格可以将安全检查项目划分出具体的等级，根据燃气企业的实际检查情况进行评判，燃气企业可以通过企业安全问题和隐患的严重程度，采取有针对性的方法进行相应的调整和整改。在燃气企业的安全管理监督和评估工作中，监督评估的成员应该由具有相当工作经验的生产技术人员和安全管理人员共同构成。燃气企业还可以在进行安全自查的基础上，定期或不定期地聘请政府或是第三方机构的专家协助企业进行安全管理监督和评估工作，协助企业对评估检查中发现的安全问题进行整改，提高燃气企业安全管理监督工作的整体效率。

二、完善燃气企业安全管理监督评估的途径

（一）对安全生产管理机构和安全管理制度进行监督评估

燃气企业在安全生产管理工作中应当成立安全生产管理部门，由企业主管安全的领导负责，并配备专职从事安全生产管理的工作人员。在安全管理监督和评估的工作中，需要检查企业各项安全生产管理文件是否齐全完备和各部门的安全职责是否清晰明确，并对安全生产责任制的落实情况进行重点检查。燃气企业要明确各部门和所有岗位的安全生产责任，并与相关人员签订安全生产责任书，定期考核各个岗位的安全管理制度执行情况。企业应当对安全管理制度进行优化，通过对安全监测、设备维护保养、安全操作流程等安全规章制度的完善，促使员工加强对本岗位安全规程的学习，在实际生产工作中能够严格

按照规程操作，增强安全生产的责任心，避免违章操作现象的发生。在安全管理监督和评估的工作中，应重点检查安全生产文件的传达和落实情况，并采取不定期抽检的方式，检查各个岗位的工作人员对安全生产各项规章制度的执行情况。

（二）对安全生产经费和员工安全培训工作进行监督评估

燃气企业应当对安全生产经费采取专事专用、专款专用的管理，不得随意挪用，并且要明确安全生产经费的使用制度和流程，燃气企业的财务和审计部门要设立专门的岗位对安全生产经费的使用进行监督。在燃气企业的员工安全培训问题上，企业中从事安全生产管理的员工必须经安全培训考核并合格，在取得相应的安全资质证书后方可上岗工作。对于普通员工，通过定期或不定期地组织安全培训班、安全生产经验交流会的形式，加强安全生产技能方面的培训；对于特种作业人员，必须经具有专业安全培训资质的部门进行安全技能培训，考试合格并取得相应岗位资质证书后，才能从事相应岗位的工作，并且需要企业定期组织对特种作业人员技能的复检工作，复检通过后才能继续从事特种作业工作。

（三）对设备维护和危险源的管理进行监督评估

燃气企业应当严格执行设备养护制度，并做好相关设备的维护保养记录工作，每台设备的技术档案应保证记录完整。燃气企业在对本单位危险源的管理过程中，按照国家对危险源管理的有关要求进行全面核查，对于已经划分出的重大危险源，还需要到政府主管安全生产的有关部门进行备案，并制订相应的安全措施和应急处置预案。对于放置危险源的区域，要进行实时监控，并根据危险源的安全和技术参数，进行定期安全检查和风险评估工作。在安全管理监督和评估的工作中，需要对危险源管理记录、监控设备、安全技术资料和事故应急预案等进行重点检查。

（四）对安全事故应急处置措施和应急预案进行监督评估

燃气企业应根据国家燃气行业的相关标准，制订出切合本企业实际安全情况的事故应急处置措施和应急预案，使安全事故发生时，能够有效地降低安全事故造成的人员和设备上的损害。在事故应急措施和预案中，要明确指挥机构和企业各部门的任务及职责，成立事故应急处置小组并明确组内成员，确保在发生事故时企业员工都能做到各司其职。在制订事故应急预案后，燃气企业还应该对预案的准确性和实用性进行探讨和论证，确保事故发生后事故应急预案能够起到切实有效的作用。燃气企业应该根据制订好的应急预案和处置措施，定期组织人员培训和事故应急演习，在模拟预演的过程中，分析和总结演习过程中存在的问题并加以解决。在安全管理监督和评估的工作中，需要对事故应急处置措施和应急预案的资料和文件详细检查，并重点检查事故应急演习的执行情况。

第七章

燃气用户户内安全管理

本章概述了美国、日本与中国上海、西安、哈尔滨等地在燃气户内安全管理方面的特色，并对部分燃气安全产品如自闭阀、定时阀、燃气报警器、智能燃气表等进行了分析，同时对燃气安全技术设备与方案进行了探讨。

第一节　国内外燃气用户户内管理特点

一、国外燃气用户户内安全管理特点

（一）美国

燃气在美国家庭能源结构中占据了半壁江山。一般美国家庭常用的燃气设备有供暖设备、热水设备、烹饪设备和洗涤设备。燃气由市政燃气管网或远程液化气罐接入房间的地下室，户内燃气管路的其中一条分支接中央供暖设备，这是美国家庭主要的供暖设备；另一条分支管路接燃气热水器，美国家庭主要应用容积式燃气热水器；再一个燃气分支接干衣机，在美国干衣机与洗衣机一样是家庭必不可少的洗涤设备；户内管路穿过地下室进入一楼厨房接烹饪设备，通常为燃气烤箱或燃气烤箱灶组合；同时可能还有一条管路分支接入起居室、卧室内浴室，那里可能安装了局部供暖设备。

美国的燃气安全注重整体性安全管理，以《联邦安全标准》为基础，形成了一系列完善的法律、法规、标准和规范体系。《联邦安全标准》是天然气和其他气体管输的联邦最低安全标准，其中第八章规定了用户表、用户调压器和用户管线的选材、安装、使用等最低安全要求。由于每个州的实际情况不同，各州通常还会制定更高的标准。

在《联邦安全标准》中规定，燃气经营者不负责维护用户埋地管，但是应该以书面形式通知用户，并且向用户说明埋地管可能会发生的风险，向用户提出定期检查泄漏以及维修建议，也可以由燃气经营者、管道承包商和供热承包商帮助用户检查和维修埋地管并收取一定费用。

在美国，燃气设备安全标准的主要制定者是燃气热力分委员会，美国安全检测实验室也制定一些适用于燃气设备的标准，但是相对于燃气热力分委员会制定的标准来说是次级的。燃气设备标准主要用于产品的设计和评估，其中不仅规定了燃气设备施工和使用的最低安全标准，还包括了制作要求、安装说明和使用手册等。比如《LPG 和 CNG 燃料器具》。

美国《国家燃气规范》是通过美国国家标准学会审批的国家标准，是室内燃气设备、管道系统和通风系统安装方面的权威。它是由美国燃气协会和美国防火协会联合完成的。在美国《火灾法》中明确规定室内燃气设备的安装使用必须符合《国家燃气规范》的规定。规范中对燃气设施的安装、使用、过压保护及通风设施等都有较详细的规定。室内燃气工程的施工由当地建筑检察官监督执行，检察官的职责是全程监督工程过程是否符合相关技术规范。作为独立的第三方，建筑检察官对燃气工程中的质量问题严格控制。对质量问题建立了追溯制度，对任何违法规范的做法都立即予以纠正，责任追究可一直到最初的设计方。

（二）日本

日本政府为加强对燃气事业的管理，制定了《燃气事业法》，其中有相当一部分涉及安全的条款。在《燃气事业法》中对燃气企业和用户的责任划分有这样的规定，第十七条 5（b）燃气企业与用户各自的相关责任，管道、仪表和其他相关设备的费用分担等问题，都必须做出恰当并且明确的规定。第十七条 6，为了更有效地利用各种燃气设备以及更高效地开展一般燃气业务，合理征收燃气供应费用，提供更加灵活的供应条件，燃气企业可以在必要时制定新的与已获得了第一项经济产业达成认可的供应条件有所不同的供应条件，给燃气用户多种选择。第四十条之 2 燃气企业必须根据经济产业省政策规定，对其提供燃气的燃气消费器具进行检测，以确定这些燃气消费器具是否符合经济产业省政策对有关技术标准的规定。但是如果要进入设置或使用这些燃气消费器具的场所，却又不能得到其所有者或占有者的认可的情况除外。

对于燃气安全，其基本观点是"自主性的安全管理"，安全管理活动的实施主体为燃气企业。实施自主性安全管理的关键在于建立"安全规程"和"燃气主任技师"两种制度。《燃气事业法》第三十条规定，燃气企业为确保提供用于一般燃气业务的设施的施工、维护以及运营等的安全，必须按照经济产业省的相关规定制定安全保护章程。第三十一条规定，燃气企业必须按照经济产业省的相关规定，从取得了燃气主任技师执照、并富有实际业务经验的从业人员中选任燃气主任技师，负责监督提供用于一般燃气业务设施的施工、维护以及运营等的安全。燃气主任技师是《燃气事业法》中规定的国家资格，要求被聘用人员应恪尽职守，对于玩忽职守的人也在《事业法》中制定了相应的罚则。

东京市每三年进行一次天然气设备的定期检查。用户家中设置的天然气自动预警装置、高级公寓中安装的天然气监视器同东京天然气公司的电话线路连接在一起。一旦出现异常，专业人员可用电话向客户通报险情，并提供远距离关闭天然气服务（需付费）燃气用户燃气费用由基本费（1081.5 日元约合87.5 元人民币）及燃气费（126.98 日元/m³，约合10.27 元人民币/m³）构成，运营商要对用户履行告知义务。

日本家用燃气报警器在20 世纪70 年代开始推广，至今已经有40 多年的发展历史。在日本的《液化石油气法》《燃气事业法》《消防法》等各种法律法规中，根据燃气的种类，规定在公寓式住宅、公寓大楼等有灶具的房间必须安装燃气泄漏报警器。安装报警器的费用由用户承担，用户可选择通过以下几种方式安装报警器：用户在销售商（非燃气运营商，但运营商有股份）处购买，费用为14175 日元（人民币1146 元），后期维护费用为产权所有的用户出资进行；用户向燃气运营商租用，费用为339 日元/月（人民币27.5 元），收取60个月费用，总价为20340 日元（人民币1645 元），其后期的维护费用由运营商负责。

二、国内部分城市燃气用户户内安全管理特点

(一) 上海市

1. 燃气供应现状

截至 2010 年，上海常住人口达到了 2302 万人，城镇人口占总人口 89.3%，城镇化水平居全国首位。上海燃气（集团）有限公司截至 2009 年年底，拥有用户 536 余万户，其中天然气 320 万户，人工煤气 140 万户，液化气 76 万户，年供应天然气 33 亿立方米，人工煤气 14.5 亿立方米，液化气 7.8 万吨。

2. 政策法规、条例特色

针对天然气使用户内安全问题，上海市政府以及燃气办等相关管理职能部门推出了一系列政策法规和措施文件，在此不再赘述，仅概括总结上海市与燃气用户户内安全相关的政策法规中具有地方特色的法律条文。

(1)《上海市燃气管理条例》

(2007 年 10 月 10 日上海市人民代表大会常务委员会公告第 83 号公布，自 2008 年 3 月 1 日起施行) 第二十五条中明确提出提倡居民用户使用家用燃气泄漏报警器。规定燃气供气站点、室内公共场所、地下或半地下建筑物内使用燃气的，应安装使用燃气泄漏安全保护装置。在第三十三、第三十四、第三十五条中规定了燃气器具、家用燃气泄漏报警器和燃气泄漏安全保护装置的生产标准以及市场准入标准，推广使用安全节能环保型的燃气器具，淘汰安全性能差、低效高能耗的燃气器具，市燃气管理处应定期向社会公布合格产品目录。第三十七条条例中特别要求了用户应更换国家明令淘汰或已到判废年限或非安全型燃气器具。

同时，上海市燃气相关管理部门还出台了一系列规范性文件，其中包括《上海市新建全装修住宅建设燃气用户设施及燃气器具配置技术导则》《上海市燃气器具产品销售备案程序实施暂行规定》《燃气燃烧器具安全和环保技术要

求》等。

（2）《上海市新建全装修住宅建设燃气用户设施及燃气器具配置技术导则》（2012 年 5 月 25 日沪建交联〔2012〕531 号）现就本市新建全装修住宅建设燃气用户设施和燃气器具的配置提出以下技术导则：

①燃气表后暗封或暗埋的管道和管件，应采用带被覆层的非埋地燃气输送用不锈钢波纹软管和带泄漏检测功能的管件。②应设有熄火保护装置，灶具的燃气连接接头应采用管螺纹。③家用燃气快速热水器、采暖炉、容积式热水器应设有熄火保护、自动防冻等保护装置。家用燃气快速热水器还应具有燃气稳压、防过热、定时关闭等功能。④安装燃气器具的厨房或设备间宜安装燃气报警器和燃气紧急切断阀并连锁，燃气用户设施安装在地下室、半地下室以及密闭房间内的，其燃气报警器应与燃气紧急切断阀和机械通风设施连锁。⑤可优先选用具有燃气泄漏、燃气压力及流量异常和地震感应自动切断功能的燃气计量装置。

（3）2012 年 3 月，上海市发布并实施了《上海市居民管道燃气供用气合同》，围绕安全用气以及维护社会公共安全的需要，修改了以下几个方面。①增加了对出租房屋燃气使用的安全要求。②特别强调居民安全用气。③明确要求居民应配合燃气企业更换到期燃气表。新版燃气供用气合同的推行和规范使用，有助于广大消费者和燃气企业更好地维护自身合法权益，有利于燃气行业的健康发展。

3. 政策执行情况及效果

据统计，2005 年，上海市发生的燃气事故中，有七成以上是由于燃气用户使用非安全型燃具所造成的。2009 年，上海市颁布实施了《燃气燃烧器具安全和环保技术要求》后，政府依据该条款，对市面上的燃具进行了排查整顿，取得了一定成效，减少了因用户使用非安全性燃具所造成的事故数量。

（二）西安市

1. 燃气供应现状

2010 年，西安市日供气量达到 580 万立方米，年供气总量达 21 亿立方米，城市气化率达 97.7%。西安秦华天然气有限公司成立于 2006 年，拥有西安市城六区特许经营权。截至 2011 年年底，公司所辖天然气管线 4237.95 公里，居民用户 117 万户，天然气年总供气量已达 10.7 亿标准立方米，冬季日最大供气量为 687 万标准立方米。

2. 政策法规、条例特色

西安市燃气行业政策法规与条例中，很多章节和条款与国家标准或北京标准一致，以下将不再重复列出，仅在此概括总结西安市与燃气用户户内安全相关的政策法规中具有地方特色的法律条文，以便进行区别对比。

（1）《西安市燃气管理条例》中侧重对于燃气器具的质量监督和监管以及燃气泄漏报警器的安装和使用。条例中规定燃气器具必须经具备法定资格的检测机构抽样进行气源适配性检测。在西安市经营燃气器具的，应当设立安装、维修售后服务站点。燃气经营企业必须安装燃气泄漏报警、消防报警和紧急切断装置，并按规定与公安消防报警系统联网。西安市非居民用气单位应当在安装天然气设施和设备的地下室、半地下室、设备层等区域或者人员密集的公共场所安装燃气泄漏报警、消防报警和紧急切断装置，并按规定与公安消防报警系统联网。

（2）陕西省在其颁布的条例《陕西省燃气管理条例》（陕西省人大常委会第 73 号）中明确规定单位燃气用户应当安装燃气泄漏报警器和安全自动切断装置。居民燃气用户应当安装燃气安全自闭阀，提倡安装使用燃气泄漏报警器。同时鼓励燃气经营企业和燃气用户参加燃气事故责任保险。

3. 政策执行情况及效果

陕西省民营燃气企业特点是企业经营方式灵活，承受风险的能力相对较弱，因此针对这种情况，政府对燃气安全问题重视程度非常高，对于有益于燃气安全的新技术新材料接受比较快。陕西省从 1994 年开始应用自闭阀，应用历史超过 20 年，燃气自闭阀普及率相当高。在冬季用气高峰时期，针对限气所引起的供气不足，管道欠压、超压或停压等情况，自闭阀可保证居民户内燃气阀门根据管道压力情况自动关断，恢复正常供气后通过居民自行简单操作即能复气。据统计，西安市 110 万自闭阀安装用户在使用过程中从未出现过一次爆炸爆燃事故，燃气公司也没有接到需上门协助用户复气的任务，充分发挥了自闭阀的特点和优势。

（三）哈尔滨市

1. 燃气供应现状

哈尔滨市全市户籍人口 1063.5 万人，其中市区人口 587.9 万人，是我国较早使用燃气的城市之一。2006 年成立的哈尔滨中庆燃气有限责任公司服务哈市 100 万户管道煤气民用户、4 万余户天然气用户。现每年新增居民用户在 5 万户以上。市区燃气管网总长近 2000 公里，日最大供气量 165 万立方米，市区管道燃气普及率 89%。

2. 政策法规、条例特色

哈尔滨市在政策法规的制定方面有其地方特色。

（1）早在 2001 年，黑龙江省就发布了在全省使用管道燃气的新建住宅中必须安装燃气泄漏报警装置的相关文件，其中规定：①将安装燃气报警装置，列入全省强制性地方标准。②燃气泄漏报警装置产品，必须具有省级质量技术监督部门备案的标准，法定检测单位的检测报告，省级行政主管部门组织的技术鉴定证书。产品生产厂家应在销售地设固定维修点。

（2）哈尔滨市响应黑龙江省号召，也发布了类似文件，规定今后凡使用管道燃气的新建、改（扩）建住宅，必须安装报警装置，并对燃气泄漏报警装置的生产、销售、安装和维修进行了规定。

3. 政策执行情况及效果

哈尔滨市在燃气安全管理方面的特色是燃气泄漏报警器的安装和使用。

根据哈尔滨市政府有关政策，民用灶具、报警器、民用燃气热水器的改装费用均由政府通过财政补贴方式进行补贴，用户不承担改造费用。对于需购买新灶具的用户，可享受 70 元补贴，购买燃气报警器的用户，将给予每户 30 元的补贴。

哈尔滨市政府还投入了专门经费免费为独居、残疾和精神病患者等四种类型家庭安装煤气报警器，从财政方面给予燃气安全产品的推广以有力支撑。

第二节　户内燃气设施及安全辅助产品

一、户内燃气设施

（一）燃气灶具

家用燃气灶具按燃气类别可分为人工燃气灶具、天然气灶具、液化石油气灶具；按灶眼数可分为单眼灶、双眼灶、多眼灶；按功能可分为灶、烤箱灶、烘烤灶、烤箱、烘烤器、饭锅等；按灶具结构形式可分为台式、嵌入式、落地式、组合式等。

家用燃气灶具现执行国家产品标准为《家用燃气灶具》（GB 16410 - 2007）。《家用燃气灶具》对家用燃气灶具产品的分类、要求、结构、材料、试验方法、检验规则等方面的要求进行了规定。

（二）连接软管

1. 产品概述

燃器具连接软管现在普遍使用的是普通 PVC 软管，存在的问题主要表现为：PVC 增强塑料管的老化、龟裂、到期更换，因此解决途径有两个，一种是选用燃气连接用不锈钢波纹软管，另一个是使用与灶具同寿命、连接可靠的新型非金属软管。燃具连接用不锈钢波纹软管的技术要求应符合《燃气用具连接用不锈钢波纹软管》（CJ/T 197‑2010）的要求，新型非金属软管国家标准正在修订中，燃具连接用不锈钢波纹软管的实际应用已经比较成熟，因此仅对不锈钢波纹软管做简单介绍。

2. 不锈钢波纹软管产品概述

燃气用不锈钢波纹软管根据用途可分为：燃具连接用不锈钢波纹软管与燃气输送用不锈钢波纹软管。燃具连接用不锈钢波纹软管（本章简称燃具软管）指两端设有固定的接头，有固定长度的不锈钢波纹软管，主要用以替代普通塑料软管，作为燃气灶或热水器（壁挂炉）连接之用。燃气输送用不锈钢波纹软管（本章简称燃气输送软管），施工前不能确定波纹软管的长度，而需现场确定长度的，外覆塑料防护套的波纹软管，主要用以替代镀锌管，一般作为户内燃气输送管道之用。

3. 不锈钢波纹软管产品标准

燃气用具连接用不锈钢执行行业标准：《燃气用具连接用不锈钢波纹软管》（CJ/T 197‑2010）。燃气输送用不锈钢波纹软管执行国家标准：《燃气输送用不锈钢波纹软管及管件》（GB/T 26002‑2010）。

产品的施工及验收标准，对燃气用具连接用不锈钢波纹软管的施工与验收做了规定的标准有：《城镇燃气设计规范》（GB 50028‑2006，2020 修订版）和《城镇燃气室内工程施工及验收规范》（CJJ 94‑2009）。

4. 燃气用不锈钢波纹软管技术原理及特点

不锈钢波纹软管是将优质奥氏体不锈钢管坯通过机械加工成型为波纹状（包括螺旋波或环型波）的柔性管状壳体；其管体柔软且弯曲后基本通径保持不变，安装非常方便，可有效地补偿安装位移偏差，且产品强度好、抗鼠咬、耐锈蚀、使用寿命长，能有效地解决管道老化、腐蚀、爆裂、渗漏及地基沉降引起的破坏等问题。

二、户内燃气安全辅助产品

（一）燃气报警器

1. 产品概述

家用燃气报警器一般安装在厨房，燃气报警器的核心是探测器，当探测器检测到燃气浓度达到报警设定值时，便会输出信号给燃气报警器，燃气报警器发出声光报警并可显示燃气浓度或启动外部联动设备（如排风扇、电磁阀）。

2. 燃气报警器的工作原理

燃气报警器的核心是气体传感器（探测器），俗称"电子鼻"。气体传感器连接在平衡式电桥电路上，传感器对环境气体进行探测，当环境气体中含有一定浓度的可燃性气体时，传感器电阻发生变化，平衡电路失衡而产生信号，供燃气报警器后级线路处理。经过电子处理变成与浓度成比例的电压信号，经微机处理输出各种控制信号，即当燃气浓度达到报警设定值时，燃气报警器发出声光报警信号，带切断装置报警器还会即时切断气源，从而有效避免各类燃气事故。

3. 报警器的工作方式

家用燃气报警器有独立型、联动型、联网型、混合联网型四种工作方式。

独立型：独立型报警器独立安装，外接220V、24V或12V电源，报警器独立工作。检测空气中可燃气体浓度，当达到设定的浓度时，通过报警器上的声光报警装置发出报警信号，以达到预防燃气泄漏导致燃气事故的发生，保证人身财产安全的目的。此种方式安装简单，不需要布线，不需要拆改燃气管道，只需提供电源接口，且价格便宜，适于老旧小区及低收入人群。

联动型：在联动型工作方式中，燃气管道上的紧急切断电磁阀可与燃气泄漏报警系统连锁。联动型家用燃气报警器的主要功能是：燃气发生泄漏后，当超过燃气报警浓度时便自动切断该用户的燃气供应，并发出声光报警信号，联动控制排风扇。

联网型：在联网型工作方式中，报警器在报警的同时自动切断电磁阀，并通过无线通信模块将报警信息发送到监管平台。同时可以通过短信平台将用户家里燃气泄漏报警信息发送到用户的手机上。

混合联网型：在混合联网型工作方式中，报警器在报警的同时自动切断电磁阀，并通过小区门禁系统或者其他消防报警系统将信号送到小区监控中心。甚至可以通过小区短信平台将用户家里燃气泄漏报警信息发送到用户的手机上。此种方式智能化、网络化程度高。但是报警器成本高且相应的报警系统造价高、调试难度大、管理复杂、运行维护成本高。适于新建的智能住宅小区及高收入人群。短信平台方式是未来发展的方向，目前技术不成熟，应用较少。

4. 燃气报警器应用前景

安装燃气报警器联动紧急切断电磁阀可以解决燃气设施、器具的燃气泄漏，灶具、热水器使用不当造成的泄漏及不完全燃烧问题，连接软管脱落形成的大量泄漏等。

目前国内报警器单价为 300 元到 600 元，据此类产品这些年来发展情况来看，燃气报警器在使用过程中发现了诸多问题，其中包括产品的使用环境问题、质量问题、售后服务问题等。但随着国内一些专家、厂家的不懈努力，产品质量有着显著提高，售后服务问题也能够得到有效改善与监管，有些厂家在家用燃气报警器市场中表现可圈可点，如能够进行有效的监督与管理，相信安装家用燃气报警器并联动紧急切断电磁阀将能够大大提高燃气用户户内安全水平。

（二）自闭阀

1. 产品概述

一般安装在燃气表前或燃具前阀门后，自动监测管道内的燃气压力、流量参数的变化，当出现欠压、超压、过流并超过安全值时，不用电或任何外部动力，自动关闭，并须手动开启的机械智能式阀门装置（简称自闭阀）。自闭阀具有耐腐蚀，耐磨损，自润滑的特点，工作性能可靠，也不需要特别维护。但由于阀内存在磁铁零件，因此使用环境应考虑强磁干扰。

自闭阀安装在燃器具前，可避免停复气过程中燃器具阀门忘记关闭造成的燃气泄漏危险；或当燃器具连接软管意外出现脱落时，避免燃气大量泄漏。

2. 自闭阀的功能和特点

（1）停气自闭

停气时自闭阀可与燃气公司同步互动自动关闭，是自闭阀较有价值的功能之一。可大大减少复供气造成的泄漏、爆炸等重大安全事故隐患，同时可大大提高燃气公司工作效率。

（2）欠压自闭

保证用户安全用气。当出现供气欠压、维修作业、冰堵、气荒、分时供气等事故的高发诱因并超过安全值时，自闭阀关闭，减少事故发生率。

（3）超压自闭

当管道内燃气压力高于设定压力，自闭阀自动关闭。高压自闭可防止灶具出现离焰、脱火而造成的燃气泄漏。

（4）过流自闭

连接软管脱落更多的是在灶前人们不易察觉部位。燃气泄漏不一定发生在额定压力条件下，任何时间、任何压力条件下都有可能发生，当自闭阀后端流量高于设定流量时，自闭阀自动关闭。当不慎失火引燃连接软管，自闭阀也能立即自动关闭，切断气源。

（5）应用范围

燃气微量泄漏在开放的空间几乎很难构成爆炸条件。户内燃气破坏性事故（闪爆、爆炸）大多是由输配系统原因造成或诱发的燃气快速大量泄漏，在短时间内达到爆炸条件引起的。导致泄漏的原因其实并不复杂，但很难及时发现和掌控。如果能够及时发现和制止燃气的快速、大量泄漏，就能够阻断事故生成条件，防止重大事故发生。在最容易发生事故的环节中采用最基本的保险设施，这种措施必须是独立的，不受供气系统或其他系统干扰。而管道燃气自闭阀就是这种原则的最好体现。从 20 世纪 90 年代开始在中国西部的陕西省推广。这种产品最初解决的是分时供气引起的用户忘关灶具问题，随着天然气迅速普及，除了对停气加以保护，对超压、欠压、过流保护均提出了更高要求，涵盖了最容易诱发户内燃气泄漏事故的主要原因，经过百万用户十余年使用检验，被认为是国外没有、国内首创，最为实用的户内安全设备。2007 年，《陕西省燃气管理条例》将自闭阀列为居民用户强制安装使用设施，取得了很好效果。目前，全国已有多个省市考虑借鉴陕西省的做法，将此列入用户强制安装使用设施，如吉林省等。

3. 自闭阀的辅助管理作用

（1）由于燃气安全自闭阀对管道供气监测标准一致，能够监督整个城市或区域供气管网压力是否均衡稳定，从而相关部门可以有针对性地制订技改方案，提升城市安全供气和服务水平。

（2）对使用 IC 卡预付费表的用户，在所购气量用完后阀门也会自动关闭，提醒户主重新购气。

（3）当地震、火灾或重大自然灾害发生时，按照应急预案关闭上游阀门后，下游所有居民用户的燃气安全自闭阀均会响应关闭，防止灾情扩大。

4. 自闭阀标准进展情况

住建部《2011 年住房和城乡建设部归口工业产品行业标准制订、修订计划》中第 41 项为"管道燃气自闭阀"标准制定任务，该标准适用范围为：适用于介质为质量标准符合国家现行标准的天然气、人工煤气、管道供应的气态液化石油气以及其他清洁气体，且进口压力小于 10kPa，在低压管道中实现气体安全压力控制，自动关闭，人工开启的燃气安全自闭阀。主要技术内容：燃气安全自闭阀的术语和定义、分类和型号编制、材料和技术要求、试验方法、检验规则、标志标签、使用说明书以及包装、运输、储存等。

（三）定时切断阀

1. 产品概述

定时切断阀是一种通过设定用气时间进行开关的户内阀门，保证用户不使用燃具时进气阀保持关闭，做到"人走气停"。

2. 产品分类

定时切断阀按照时间控制部件分为两种，一种是机械式，一种是电子式。

机械式结构简单，利用发条等机械定时机构驱动并调整用气设定时间。机械式长期使用发条定时机构会逐渐失去弹性，影响定时精度。电子式需要电池供电，利用电子时钟定时器调整用气设定时间，执行动作靠电机驱动，可以与燃气报警器联动。电子式需要长期供电才能保证定时切断功能，抗干扰能力弱，并且由于驱动执行机构复杂，相同成本下，外壳防护等级低。

3. 产品功能特点

机械式产品性能分为 2 种：有关阀报警定时切断阀和无关阀报警定时切断阀。有关阀报警定时切断阀在切断前 5 分钟发出预备警告，然后切断；无关阀报警定时切断阀切断前没有预备警报直接切断。机械式最大可设定 60 分钟，继续使用需要重新定时。

电子式定时切断阀用气设定时间默认为 20 分钟，如有其他需要可以根据情况手动设定，最长可以达到 100 小时。电子式定时切断阀在切断前有 3 次蜂鸣器报警提示，在收到提示后，如果需要继续使用燃气，可以延长设定时间，推迟切断阀动作。

4. 定时切断阀在户内燃气安全中的作用

家用燃气事故中危害最大的当属燃气爆燃事故，然而爆燃事故的发生必须有两个条件：泄漏的燃气达到相当的浓度（爆炸极限）和足够的点火能量。由此可见，燃气用具在使用过程中，由于燃气加臭可以使人感知，还有明火存在及空气流动等因素，一般是不会发生爆燃事故的。与此相反，往往爆燃事故发生在无人使用的情况下，燃气泄漏经过一定时间的累积而使其浓度达到爆炸极限时才有可能发生事故。因此，在使用燃气的时候，室内无人情况下发生事故的概率和严重程度要高于室内有人的情况。定时切断阀恰恰能够防止室内无人情况下发生的燃气泄漏事故，做到"人走气停"，从根本上解决燃气使用期间出现的泄漏事故。

（四）智能燃气表

目前，国内的智能燃气表主要有 IC 卡智能燃气表、CPU 卡智能燃气表、射频卡智能燃气表、直读式远传燃气表（有线远传表）以及无线远传燃气表等这几大类，而随着人们生活水平和生活质量的提高，现代化家庭所需要的智能化产品需求，将促使智能燃气表朝着安全性、可靠性、智能方便性方向发展。普通家用膜式燃气表，由于其收费难、抄表人员人工成本高、偷盗气无法真正实现监控，给燃气公司增加了经营成本，也给运营管理带来许多麻烦。于是从1995 年开始，一些智能燃气表面市，以期解决燃气公司经营中遇到的头疼问题。IC 卡表、CPU 卡智能燃气表、有线远传燃气表、无线远传燃气表、网络型红外数传燃气表等品种相继出现。

1. **智能燃气表功能**

自动切断功能：燃气表通过对燃气流量的监测，当用户户内燃气流量异常时，如燃气表使用过程中出现一定时间内超流量、大流量情况或一段时间出现持续微小流量（微小泄漏），那么判断燃气用气异常，燃气表输出信号关闭阀门，切断气源。

自动抄表功能：通过无线远传，将燃气表的计量数据上传到管理中心，管理中心通过采集的计量数据，将用户的用气费用单据打印、寄出，实现了全部自动化，同时对用户端用气情况可以实时监测，以保证用户的用气安全。

地震监测功能：当发生 5 级地震时，地震感知器发出报警信号，燃气表接收到报警信号后，驱动内置切断阀关闭切断气源，以防止用户端燃气设施由于建筑物楼层地震反应过大而发生晃动、移位、倾倒、滑落、断裂等现象造成的火灾或爆炸事故的发生。

报警器联动：由智能燃气表（内置切断阀）和报警器组成燃气泄漏报警切断装置，当燃气泄漏浓度达到报警设定值时，燃气泄漏报警器发出声光报警，并将报警信号输出到智能燃气表，燃气表接收到信号后，关闭内置切断阀。通过智能燃气表与燃气报警器联动安装，达到切断气源、保证用户户内安全的目的。

2. 智能燃气表的国内外应用情况

（1）智能燃气表在日本东京的应用及技术现状

智能燃气表在日本东京已经完全普及，燃气用户约 1000 万户，都安装使用了便于计量与安全管理的智能型燃气表。该智能型燃气表的功能主要有自动切断、自动抄表、地震监测以及与报警器联动等功能。

（2）国内智能燃气表应用及技术现状

目前国内广泛使用的是具有内置阀门结构的智能燃气表，其安全防护功能主要有：可外接燃气泄漏报警器与其配套使用；流量异常报警关闭气路，以安全为目的的报警信息存储与远传。

3. 智能燃气表与燃气泄漏报警装置组合系统

（1）智能燃气表与燃气泄漏报警装置组合系统

燃气切断阀内置到燃气表中，燃气表与泄漏报警器联动安装。当燃气泄漏浓度达到报警设定值时，燃气泄漏报警器发出声光报警，并将报警信号输出到智能燃气表，燃气表接收到信号后，关闭内置切断阀。2003 年，北京市燃气集团在曙光花园、天兆家园等小区使用 10000 台左右，据统计在使用过程中有 2 例由于燃气泄漏报警关闭阀门事件。

（2）物联网燃气表与泄漏报警器组合系统

燃气切断阀内置到燃气表中，燃气表与泄漏报警器连接。当燃气泄漏时，报警器向燃气表输出信号，燃气表关闭阀门，切断气源；燃气表以手机短信的方式告知用户户内燃气泄漏的信息，并且通过网络将燃气泄漏信息发送到小区监控中心或燃气公司管理系统。物联网燃气表 2011 年年初在江苏徐州、河北廊坊等地使用约 3000 台。燃气表与燃气泄漏报警器的组合系统其显著特点是不需额外加装切断装置，减少用户使用成本和安装工程量，更重要的是减少了一个燃气泄漏的隐患点。

（3）智能燃气表的流量异常报警关闭气路

智能燃气表的流量异常检测主要是针对表后燃气管道及燃气器具的用气异常或泄漏造成的流量异常变化。通过智能燃气表的流量监测，判断燃气用户的用气状况。当燃气表的流量数据与日常的用气规律不一致时，如燃气泄漏时，燃气表流量会发生变化，燃气表智能电子控制部分根据流量数据进行分析，判断是否发生异常，如果异常关闭阀门，切断气源。

目前，只有少数厂家的智能燃气表可实现燃气表的泄漏流量异常检测，其功能实现主要通过设置不同的流量报警点，通过一定时间的监测流量变化来判断是否出现燃气泄漏。但是，其流量报警点的设置通过现场用户的实际用气情况、现场实际测试的结果来确定的。由于燃气用户使用的燃气器具不同，泄漏情况不同，其报警流量值设置不同。

（4）智能燃气表的报警信息存储及远传监控

具有远传功能的智能燃气表向远传监控终端上传用户户内出现燃气泄漏事故的信息，并且将时间信息记录在燃气表存储器中，以备查询。目前，已应用的物联网燃气表就可实现远程监控的功能。智能燃气表的远程监控实现方式主要有以下几种。

单表系统：多由燃气运营公司实施，实现单一表远程监控。

多表系统：一套抄表系统监控 2 种以上的仪表（水表、电表、燃气表），多在新建的智能住宅小区。

集成系统：即将燃气表远程抄表与家居安防、可视对讲、门禁等系统集成。

第三节 燃气安全技术设备与方案

在做好燃气系统本质安全性的基础上，在户内专有设施上增设辅助安全装置能够进一步提高户内燃气系统的安全性。辅助安全装置包括自闭阀、定时切断阀、泄漏报警切断装置、智能膜式表、户内远程监控系统等。辅助安全装置各具优缺点，既可以单独使用，也可以组合使用，可与基本配置组成多种安全技术方案。

一、自闭阀

自闭阀安装在燃气表后、燃气具前。当管网压力过低时，自闭阀将自动关闭，待压力恢复正常后可通过人工复位打开自闭阀，可避免停复气过程中燃气具阀门忘记关闭造成的燃气泄漏危险，当燃气具连接软管意外出现脱落时，自闭阀会自动关闭，避免燃气大量泄漏，只有故障解决后才能成功复位。

对新建小区用户来说，自闭阀可在设计阶段予以考虑，在户内燃气工程施工阶段进行安装，与户内燃气主体工程同步验收。对老旧小区用户来说，安装自闭阀涉及原有户内燃气管路的改造，因此用户不能私自进行安装，需按程序向燃气经营企业提出申请，经批准后，由有资质的单位委派专业人员进行安装。自闭阀安装后在质保期内由生产厂家提供维护、保养、维修服务，超出质保期后可由燃气经营企业以增值服务方式提供维护、保养服务。

自闭阀市场单价为50元左右。

目前自闭阀行业标准正在制定之中，现行产品标准为各厂家企标。《城镇燃气设计规范》（GB 50028－2006）与《城镇燃气室内工程施工与质量验收规范》（CJJ 94－2009）中没有针对自闭阀的设计、施工、验收等方面的规定。如果推行此方案，需要尽快制定自闭阀的产品标准，修改相应的工程标准，并研究制定安装自闭阀后维护、保养、更新等方面的管理措施。

二、定时切断阀

定时切断阀安装在燃气表后、燃气具前。用户根据每次使用燃气具的时间，在定时切断阀上进行设定。当到达预定时间时，装置发出警报，然后自动切断燃气气流。本方案的最大特点是燃气系统只在设定的时间段内使用，超出设定时间自动关闭，实现"人走气停"的用气理念。

对新建小区用户来说，定时切断阀可在设计阶段予以考虑，在户内燃气工程施工阶段进行安装，与户内燃气主体工程同步验收。对老旧小区用户来说，安装定时切断阀涉及原有户内燃气管路的改造，因此用户不能私自进行安装，须按程序向燃气经营企业提出申请，经批准后由有资质的单位委派专业人员进行安装。

定时切断阀设备单价为 100 元到 300 元（安装人工费及材料费另计）。

目前定时切断阀没有相关的国家标准、行业或地方标准，《城镇燃气设计规范》与《城镇燃气室内工程施工与质量验收规范》中也没有针对定时切断阀设计、施工、验收等方面的规定。如果推行此方案，需小规模试用，并尽快制定相关的产品标准，修改相应的工程标准，并研究制定装置维护、保养、更新等方面的管理措施。

三、泄漏报警器

家用燃气泄漏报警器通常安装在厨房燃气具附近，需要有长期可靠的外部电源。当户内燃气系统出现泄漏，燃气积聚浓度达到报警器阈值时，报警器将发出声光报警，提醒用户注意，以便及时采取处理措施。本方案能够对胶管老化、燃气具故障或意外引起的燃气泄漏起到一定的防护作用。

安装泄漏报警器不需要改动原有燃气管道，因此对新老用户来说，只要选择了合格产品即可根据说明书进行安装。根据国家相关规定，燃气泄漏报警器须每年送交质检部门进行年检，然而随着技术进步，现在报警器产品在寿命期内都可以保证正常工作，建议修改家用燃气报警器相关标准。

报警器设备单价为 300 元到 600 元。按照现行标准，报警器每年须送检，年检费用为 400 元。

目前国内厂家执行的技术标准是《家用燃气泄漏报警器》（CJ 3057 - 1996）、《可燃气体探测器》（GB 15322 - 2003）和《可燃气体报警控制器》（GB 16808 - 2008）。2010 年颁布了新的行业标准《家用燃气报警器及传感器》（CJ/T 347 - 2010），《城镇燃气设计规范》（GB 50028 - 2006）、《城镇燃气技术规范》（GB 50494 - 2009）、及新颁布实施的《城镇燃气报警控制系统技术规程》（CJJ/T 146 - 2011），等对燃气泄漏报警器的设置场所、设计、施工、验收、使用和维护等方面做了规定。

家用报警器虽然有年检方面的规定，但是实际操作中居民住户很少将家中的报警器拆下送检，而且检验费用相对报警器本身价值来说不合理。因此要推广此方案，需要对现行报警器产品标准、检定规程等相关内容做适当修改，并研究制定装置维护、保养、更新等方面的管理措施。随着科技进步，报警器产品生产厂家应当提高产品品质，生产寿命长、品质高的报警器产品，满足安全要求的报警器可通过修改相关标准实现免检，但是使用寿命结束后必须更换。

四、泄漏报警切断装置

泄漏报警切断装置是一种能够在燃气泄漏浓度达到报警阈值时发出声光报警并切断燃气气流的安全装置。

本方案增加了燃气切断装置。报警器通常安装在厨房燃气具附近，切断装置安装在户内燃气管道上。报警切断装置需要有长期可靠的外部电源。当户内燃气系统出现泄漏，燃气积聚浓度达到报警器阈值时，报警器将发出声光报警，提醒用户注意，同时报警器对切断装置发出信号，由切断装置立即切断燃气气流。本方案能够对胶管老化、燃气具故障或意外引起的燃气泄漏起到一定的防护作用，尤其是家中无人的情况下能够及时切断燃气，保证家庭安全。

对新建小区用户来说，泄漏报警切断装置可在设计阶段予以考虑，在户内燃气工程施工阶段进行安装，与户内燃气主体工程同步验收。对老旧小区用户来说，安装泄漏报警切断装置涉及原有户内燃气管路的改造，因此用户不能私自进行安装，须按程序向燃气经营企业提出申请，经批准后由有资质的单位委派专业人员进行安装。

本方案比基本配置增加泄漏报警切断装置设备费用 400 ~ 700 元（安装人工费及材料费另计）。按照现行标准，报警器每年须送检，年检费用为 400 元。

目前，《电磁式燃气紧急切断阀》行业标准已有征求意见稿，《城镇燃气设计规范》（GB 50028 – 2006）、《城镇燃气技术规范》（GB 50494 – 2009）及新颁布实施的《城镇燃气报警控制系统技术规程》（CJJ/T 146 – 2011）等对切断阀的设置场所、设计、施工、验收等方面做了规定。

目前，家用泄漏报警切断装置在验收阶段不进行联动联调的检查，因此如果推广此方案须修改相应的验收标准，并研究制定后续的维护、保养、更新等方面的管理措施。

五、智能膜式表

智能膜式表可以通过对比所计量燃气流量与户内燃气用气规律和特点的符合程度判断是否泄漏，从而采取报警或切断措施。具有安全功能的智能膜式表目前国内还没有成熟产品，因此，如果采用此技术方案，应确定产品并小规模试用，制定相关产品标准、工程标准、检定规程、管理制度等。

智能膜式表应具有下列功能：与报警切断装置联动，燃气泄漏时自动切断来气；24 小时燃气流量异常报警并自动关闭；非用气高峰 1 小时内燃气流量异常报警并自动关闭；8 分钟内流量超过正常最大使用量可报警并自动关闭。智能膜式表可以在 CPU 表基础上增加泄漏判断控制软件，因此在结构上与 CPU

表相同，价格上增加 20 元/台左右。

由于报警切断装置与智能膜式表一体设置，新、老小区用户均可方便安装，由于需要拆卸原有膜式表，因此需专业人员进行施工更换。

六、远程户内监控系统

随着科技进步，远程户内监控系统将成为智能住宅不可缺少的一部分。户内燃气系统应与远程户内监控系统相结合，为用户提供更加可靠的安全服务。涉及燃气的远程监控系统应具有下列功能：与智能表联动，户内发生火灾、爆炸时可自动切断来气；检测燃气具火焰，燃气具无火焰而燃气表有流量时自动切断来气；数据存储、采集、上传，实现远程监控；与移动通信网络、互联网络相连，发生异常情况可及时通知用户和监控中心。以上方案用户可根据自己对安全的需求单独选用，也可以多个方案组合选用。

结　语

　　由于燃气行业发展迅速、安全基础相对薄弱，一些燃气企业还存在轻视管理，人员资质不足，设备老化，安全投入不足，以上级检查代替管理，将安全与技术、管理脱离等问题。行业安全生产应强化和落实企业主体责任，建立完善企业负责、职工参与、政府监管、行业自律和社会监督的机制。燃气企业应不断加强安全生产管理，建立、健全安全生产体系，根据安全评估结论落实整改，不断改善安全生产条件，推进安全生产标准化建设，提高安全生产水平，确保安全。作为政府燃气行业监管部门，负有对行业安全生产工作实施监督管理的责任，通过对企业安全管理状况的监督评估，发现问题，并督促燃气企业落实整改，完善安全生产管理体系，从而不断降低事故发生率，保障行业持续健康发展。

参考文献

［1］王秋珍．基于 X 燃气公司对我国城市燃气安全运营管理模式的研究
［D］．北京：北京化工大学，2007.

［2］侯振宇．燃气户内安全技术解决方案［D］．北京：北京建筑大
学，2014.

［3］安超．室内燃气泄漏事故树分析及预防措施［C］．中国燃气运营与
安全研讨会（第九届）暨中国土木工程学会燃气分会 2018 年学术年会论文集
（上）．2018.

［4］郭杨华，彭世尼．室内燃气安全事故原因分析及防范措施探讨［J］.
城市燃气，2011（9）：29－33.

［5］蔡小敏，林业．浅议城市燃气管道安全现状及防范措施探讨［J］．化
工管理，2014（3）：32.

［6］孙雨婷，樊建春，刘书杰．城镇燃气管道安全风险防范技术探讨
［J］．化工管理，2016（4）：84－85.

［7］陈海舟．试论城市燃气安全事故的成因及防范对策［J］．化工管理，
2014（14）：74.

［8］李雪．室内燃气安全事故原因分析及防范措施探讨［J］．科学技术创
新，2018（22）：38－39.

［9］程茂嵥．城市燃气安全隐患分析与防范措施探讨［J］．化工管理，

2017（2）：270.

[10] 李伟雄. 城市天然气管道安全危害成因分析及其防范措施 [J]. 沿海企业与科技，2010（3）：80-81.

[11] 苏秋花. 城市燃气泄漏的危险分析与安全防范对策 [J]. 石化技术，2015，22（6）：256，264.

[12] 周振东，王新唤. 天然气管道安全运行危害因素及防范措施 [J]. 云南化工，2018，45（3）：192.

[13] 高浩. 城镇燃气企业安全运行管理现状及解决措施 [J]. 中国石油和化工标准与质量，2016，36（10）：50-51.

[14] 张英. 城市燃气户内安全管理的难点及应对措施 [J]. 城市建设理论研究（电子版），2014（28）：3601-3602.

[15] 金平. 浅析构筑燃气户内安全管理保障体系方法与措施 [J]. 城市燃气，2012（6）：15-18.

[16] 柳叶. 天然气场站接地系统综述 [J]. 天然气技术，2007（2）：65-68，95.

[17] 田贯三. 管道燃气泄漏过程动态模拟的研究 [J]. 山东建筑工程学院学报，1999（4）：56-60.

[18] 吴晓南，胡镁林，商博军，等. 城市燃气泄漏检测新方法及其应用 [J]. 天然气工业，2011，31（9）：98-101，142.

[19] 于畅，田贯三. 城市燃气泄漏强度计算模型的探讨 [J]. 山东建筑大学学报，2007，22（6）：541-545，556.

[20] 强鲁，周伟国，潘新新. 基于故障树方法的输配管网燃气泄漏风险决策 [J]. 上海煤气，2007（01）：1-4，16.

[21] 刘彬. 混合可燃气体爆炸极限预测研究 [J]. 广东化工，2018，45（7）：119-121.